LA REGIONALISATION EN ASIE :
DIMENSION ECONOMIQUE TERRITORIALE

5-7, rue de l'Ecole polytechnique, 75005 Paris

http://www.librairieharmattan.com
diffusion.harmattan@wanadoo.fr
harmattan1@wanadoo.fr

ISBN : 978-2-296-13929-9
EAN : 9782296139299

Sous la direction de
Anne Androuais et Jun Nishikawa

LA REGIONALISATION EN ASIE : DIMENSION ECONOMIQUE TERRITORIALE

L'Harmattan

ITINERAIRES GEOGRAPHIQUES

Sous la direction de Colette Vallat

Espace de débats scientifiques reflétant la diversité et la densité des intérêts géographiques comme la richesse méthodologique qui préside à la recherche en ce domaine, cette collection veut rassembler tous les *itinéraires* menant au territoire (géographie sociale, culturelle, quantitative, normative, aménagement…). Forum où rien de ce qui touche à l'homme n'est indifférent, la collection donne aussi l'occasion d'ouvrir le dialogue avec de nombreuses sciences humaines en accueillant les textes présentant une réelle curiosité pour l'espace, les cultures et les sociétés.

Déjà parus

1) Corinne Eychenne, *Hommes et troupeaux en montagne : la question pastorale en Ariège* (2005)
2) Richard Laganier (ed.), *Territoires, inondation et figures du risque, la prévention au prisme de l'évaluation* (2006)
3) Ugo Leone, Gilles Benest, *Nouvelles politiques de l'environnement* (2006)
4) Alexandre Moine, *Le territoire : comment observer un système complexe* (2007)
5) Gabriel Dupuy, Isabelle Géneau de Lamarlière (ed.), nouvelles échelles des firmes et des réseaux, un défi pour l'aménagement (2007)
6) Yves Guermond (coord.), *Rouen : la métropole oubliée* (2007)
7) Hervé Rakoto (coord.), *Ruralité Nord-Sud, Inégalités, conflits,* innovations (2007)
8) Jean-Pierre Vallat (dir.) *Mémoires de patrimoines* (2007)
9) Patrice Melé, Corinne Larrue (coord.), *Territoires d'action* (2008)
10) Colette Vallat (dir.), *Pérennité urbaine ou la ville par-delà ses métamorphoses* ; T1 *Traces*, T2 *Turbulence*, T3 *Essence* (2009)
11) Marcello Balbo (dir.), *Méditerranée à venir, Avenir des Médinas* (2009)

Titres à paraître

*Lionel Laslaz, *Les zones centrales des Parcs Nationaux alpins*

* Julien Frayssignes, *Les AOC des filières fromagères dans le développement territorial*

* Philippe Dugot, Michaël Pouzenc, *Territoire du commerce et développement durable*

* Céline Pierdet, *Phnom Penh, ville fleuve*

* Richard Laganier (ed.), *Le géographe et l'hydrosystème : évolution récente de la recherche et perspectives d'action*

Sommaire

Les auteurs

ANDROUAIS Anne	Chercheur au CNRS/MOSAIQUES/LOUEST/UMR 7145, Université Paris Ouest Nanterre-La Défense
ATTIA Adel	Chercheur associé à ECONOMIX/UMR 7166/CNRS Enseignant à l'Université Paris Ouest Nanterre-La Défense
DESPINEY Barbara	Chercheur au CNRS/Centre d'Economie de la Sorbonne, UMR 8174, Université Paris I Panthéon-Sorbonne
DOURILLE-FEER Evelyne	Chargée de Mission au CEPII (Centre d'Etudes et de Prospective Industrielles Internationales), Paris
HASEGAWA Shinji	Professeur à l'Université de Waseda, Tokyo
IMAI Masayuki	Professeur à Nihon Fukushi University, Nagoya
INOUE Yasuo	Professeur à Nagoya City University
MENDES Marius Christian	Doctorant à LOUEST/UMR 7145/CNRS Université Paris Ouest Nanterre-La Défense
MILLELI Christian	Chercheur au CNRS /ECONOMIX/UMR 7166 Université Paris Ouest Nanterre-La Défense
NISHIKAWA Jun	Professeur à l'Université de Waseda, Tokyo
OUMAROU Laouali	Doctorant à ECONOMIX/UMR 7166/CNRS Université Paris Ouest Nanterre-La Défense
SETO Sumihiko	Directeur du JETRO (Japan External Trade Organization) à Lyon
SUZUKI Hiromasa	Professeur à l'Université de Waseda, Tokyo

INTRODUCTION

DE LA REGIONALISATION OUVERTE A UNE ASSOCIATION ECONOMIQUE INSTITUTIONNALISEE DANS LES PAYS D'ASIE DE L'EST

Anne ANDROUAIS et Jun NISHIKAWA

Alors que l'Union européenne voit croître son potentiel économique avec l'élargissement, que l'Accord de Libre-échange Nord-Américain (ALENA) se développe, les pays d'Asie de l'Est ne se sont pas organisés en association économique régionale. Cependant, les économies des pays d'Asie de l'Est sont en train d'aménager des projets d'intégration au niveau régional qui expliquent leur volonté de construire des schémas économiques, industriels et technologiques multidimensionnels à vocation territoriale. Afin d'ébaucher une telle communauté, il fallait que les pays concernés, plus particulièrement le Japon, la Chine et la Corée du Sud, puissent vouloir tisser entre eux des liens commerciaux et d'investissements extérieurs directs (IDE) plus forts et plus importants. Dans cette optique, il serait opportun pour la région d'arranger une Communauté Economique d'Asie de l'Est afin de voir se former dans un proche avenir une intégration régionale de jure.

L'ouvrage met en exergue les transformations économiques, les changements récents de celles-ci et l'évolution des relations entre les pays asiatiques dans le domaine des investissements directs étrangers et des transferts de technologie. Les pays d'Asie de l'Est seront, dans les prochaines années, le terrain privilégié d'un mode techno productif où la croissance économique sera entretenue par une consommation induite et une politique d'investissements de haute technologie ; les changements sont prévisibles avec l'accroissement des nouveaux produits de haute technicité et un marché plus homogène grâce à la construction d'une association économique en économie ouverte.

Cet ouvrage porte sur la viabilité d'une Communauté Economique d'Asie de l'Est, sur les modes d'intégration régionale par l'approche du territoire et sur les processus de régionalisation comparée dans un régime économique de croissance. Par une analyse des méthodes et scénarios économiques sont explicitement définies les transformations des pays de la région. Les articles font l'objet d'approches théoriques et appliquées. Cependant, la difficulté a résidé dans le traitement des données et la mesure de celles-ci. L'ouvrage prend plus particulièrement en considération les aspects macroéconomiques d'une intégration économique, les aspects sociaux de la gouvernance régionale, le mouvement de travailleurs dans une éventuelle communauté économique d'Asie de l'Est, le développement agricole et il est également présenté une comparaison Asie-Afrique de cette intégration. Puis, sont exposés les accords de libre-échange, les IDE, les expériences transfrontalières et leurs réalités économiques.

L'ouvrage se compose de deux parties. La première partie porte sur les approches macroéconomiques d'une Communauté Economique d'Asie de l'Est. Six thèmes sont présentés.

La longue marche vers l'intégration économique nous est présentée par Christian MILLELI. Il nous donne une explication de la croissance des économies de l'Asie du Nord-Est (Japon, Chine et Corée du Sud) qui répondent également aux conditions requises d'une intégration économique, à savoir une proximité géographique, la présence d'économies nationales diversifiées et des complémentarités commerciales et économiques. La zone asiatique se caractérise par un rythme élevé et soutenu de croissance économique. Un tel dynamisme économique est en fait le principal vecteur de la globalisation devant les deux autres grands pôles de l'économie mondiale que sont l'Amérique du Nord et l'Europe occidentale. Cependant l'essor asiatique n'est pas allé de pair avec un processus d'intégration économique ou la mise en place d'institutions *ad hoc*. La dynamique économique régionale asiatique semble davantage fondée sur une interaction de pôles nationaux concurrents : Japon, Chine, Corée du Sud.

Jun NISHIKAWA dans sa présentation *The democratizing regional governance* explique clairement que plusieurs schémas de coopération régionale ont vu le jour. Depuis le début des années 2000, en Asie de l'Est, la société civile apparaît comme étant le promoteur de la démocratisation et des interactions sont organisées au niveau des gouvernements, l'organisation du marché et de la société civile afin de promouvoir les droits humains et la paix dans la région. Il est examiné, premièrement, dans cet article la rationnelle de la politique de régionalisation dans un âge de globalisation et de ces implications pour les droits humains ; en deuxième lieu sont présentées diverses formes d'exclusions sociales et régionales ; puis en troisième partie l'auteur montre comment renforcer la paix et les droits humains dans la région Asie-Pacifique.

Dans sa recherche sur *les enjeux de l'intégration économique, une décennie après la crise financière* Yasuo INOUE nous explique comment la reprise a été rapide des pays de l'ASEAN et comment celle-ci a pu se produire. Ensuite, il met en lumière le vrai sens de l'intégration économique menée par les réseaux d'entreprises multinationales ; en effet, l'intégration s'est constituée de facto au niveau du commerce extérieur, des biens et des services ou des capitaux. Cela ne veut pas dire pour autant que cette intégration régionale s'est instaurée au niveau social. Il cerne un certain nombre de points pour pouvoir passer à une intégration plus élaborée. Et enfin, il apporte des éléments de réflexion sur la perspective d'une intégration régionale Est-asiatique.

Par *Les migrations internationales des travailleurs* Hiromasa SUZUKI nous montre que, comme en Europe, les migrations internationales en Asie ont connu des mouvements d'oscillation, tant tôt en hausse, tant tôt en baisse, suivant les périodes et les pays. L'auteur distingue trois directions de flux migratoires en Asie de l'Est dans les années quatre-vingt. Tout d'abord, un flux migratoire vers les pays du Moyen-Orient producteurs de pétrole. Toutefois, ce flux a été brutalement stoppé par la première guerre du Golfe. Le deuxième flux est constitué par une émigration vers les pays industrialisés comme les Etats-Unis et l'Europe. Ce flux est chronique et larvé et de plus, est constitué de travailleurs qualifiés ou d'étudiants qui trouvent un emploi plus particulièrement sur le continent américain. Puis, le troisième flux est une migration de courte distance, à l'intérieur des pays de l'Asie de l'Est ; cette dernière est importante et on peut la qualifier de migration « naturelle » puisqu'elle porte sur une infiltration, non contrôlée, de travailleurs agricoles.

Pour les *Perspectives on agricultural development,* Adel ATTIA explique que les trois milliards d'habitants en Asie, soit 55 % de la population mondiale, produisent 40 % du total des céréales mondiales. Si l'on considère que la fonction de production est représentée par la somme de la main-d'œuvre, des ressources naturelles et du capital, les dotations en ressources naturelles ne devraient pas être une contrainte majeure de la croissance économique ; en effet, elles peuvent être maintenues par l'accroissement en capital, édicté par des décisions économiques et l'amélioration de la rentabilité. Pour ce faire d'une part, une nouvelle stratégie de développement agricole doit voir le jour et d'autre part, l'organisation d'une régionalisation en Asie paraît nécessaire.

Laouali OUMAROU et Marius MENDES dans leur contribution discutent de *L'émergence de la Chine, l'essor économique du Japon : quelques enseignements pour l'Afrique.* Ils s'intéressent, après un bref rappel de la théorie, au dynamisme économique chinois et au modèle économique japonais au travers des actions de l'Etat, sur l'éducation, l'industrialisation, et la modernisation de l'économie dans un contexte de diffusion de nouvelles technologies ; la réforme des économies est abordée par le processus d'accumulation fortement lié à l'émergence des nouvelles technologies de l'information et de la communication (NTIC). Ces dernières ont contribué à la prospérité des deux pays et sont désormais au cœur des problématiques de la croissance. Les deux auteurs nous expliquent ensuite comment l'Etat a su réformer l'économie. Et pour terminer, ils nous exposent les enseignements sous forme de constats et de leçons à tirer pour l'Afrique.

La deuxième partie présente la régionalisation par le biais des investissements directs étrangers et des accords de libre-échange. Dans cette partie cinq thèmes sont présentés.

Masayuki IMAI explicite *le rôle des accords de libre-échange (ALE) et les investissements directs étrangers (IDE) dans l'intégration économique régionale*. Il a été constaté, qu'après la crise monétaire et économique asiatique en 1997, que tous les pays asiatiques concernés ont adopté une sorte de consensus pour créer un système de coopération économique régionale en Asie. Ainsi, on peut dire que l'idée concrète d'une intégration économique régionale en Asie est réellement discutée après cette crise. L'auteur analyse les facteurs économiques et leurs interactions afin de montrer les moyens dont disposent les pays pour la mise en œuvre d'une véritable coopération régionale. Les ALE et les IDE sont étudiés d'une part, dans leurs rôles respectifs et d'autre part, en direction d'une avancée vers une intégration économique régionale asiatique.

Dans *Les stratégies des firmes multinationales japonaises, l'*étude présentée par Shinji HASEGAWA, explique l'évolution des firmes automobiles dans leurs adaptations au développement économique de la région. L'auteur décrit la caractéristique des marchés, la formation de clusters industriels et la mise en place d'accords de libre-échange régionaux ; il analyse la firme de 1960 à 2005. Il constate que la constitution de l'AFTA (Asian Free Trade Area), et les stratégies globales de la division internationale du travail (DIT) s'orientent vers la prise en compte non seulement des pièces détachées de l'automobile mais du véhicule dans sa totalité. Les firmes multinationales japonaises poursuivent une politique de rentabilité de leurs usines en améliorant la compétitivité par des avantages spécifiques à la localisation, par des effets d'agglomération et des économies d'échelles. Ainsi, la DIT à l'intérieur de l'AFTA pourrait faire partie du réseau global de production et la DIT intrarégionale pourrait évoluer parallèlement à la restructuration mondiale de la production automobile.

Les Investissements directs étrangers européens en Asie du Nord-Est face à leurs concurrents américains et japonais sont étudiés par Evelyne DOURILLE-FEER. Ainsi, depuis la deuxième moitié des années 1990, les firmes européennes intensifient leurs implantations asiatiques, y compris dans le secteur manufacturier, non seulement pour bénéficier du dynamisme économique asiatique mais aussi pour se positionner vis-à-vis de leurs concurrents japonais et américains. Et pour l'année 2004 l'investissement direct international européen devance en stocks l'Amérique du Nord et le Japon, l'Asie du Nord-Est, comprenant la Chine, Hongkong, Taïwan, la Corée du Sud, n'arrive qu'en quatrième position dans les stocks mondiaux d'IDE. L'auteur explique que grâce aux pôles d'excellences industrielles dans les secteurs de la chimie, du pétrole, de la pharmacie et de l'automobile, les investisseurs européens bénéficient de l'ouverture croissante des pays d'Asie du Nord-Est pour accroître leurs investissements dans plusieurs domaines, comme plus particulièrement le secteur des télécommunications et de la finance.

Dans son étude, *Nouvel espace économique et Nouvelle carte industrielle,* Sumihiko SETO présente une fresque industrielle de l'Asie qui est en train de se métamorphoser. Trois déterminants sont pris en compte : les enjeux géographiques dans le contexte de la métropolisation, la régionalisation organisationnelle et les impacts sur la mondialisation. Il présente l'Asie de l'Est avec une vision originale et celle de la réalité du terrain puis propose une nouvelle carte éco-industrielle de l'Asie. De nombreuses réformes visent aussi à inviter les entreprises occidentales à rejoindre la nouvelle formation de la division internationale du Travail en Asie de l'Est.

Quelle forme d'intégration pour la Russie dans la zone Asie-Pacifique ? est analysée par Barbara DESPINEY. Après l'époque du débat des années soixante-dix sur le nouvel ordre économique mondial, le début du vingt et unième siècle s'intéresse aux ordres économiques régionaux pour lesquels la région Asie-Pacifique joue un rôle capital étant donné son dynamisme économique et une intégration de la Russie à la zone Asie-Pacifique ne peut que satisfaire la classe politique russe. Une coopération supranationale par le projet Tumangan, du nom du fleuve Tumen, a été esquissée dans les années quatre-vingt-dix et organisée par le PNUD afin de promouvoir le commerce extérieur et attirer les investissements directs extérieurs dans cette région charnière russo-chinoise très dynamique.

PREMIERE PARTIE

LES APPROCHES MACRO-ECONOMIQUES : POUR UNE COMMUNAUTE ECONOMIQUE D'ASIE DE L'EST

Chapitre 1

LA LONGUE MARCHE VERS L'INTEGRATION ECONOMIQUE[1]

Christian MILELLI

Depuis plusieurs années, la zone asiatique se caractérise par un rythme élevé et soutenu de croissance économique conjointement à la multiplication de liens économiques. Un tel dynamisme en fait le principal vecteur de la globalisation en cours devant les deux autres grands pôles de l'économie mondiale que sont l'Amérique du Nord et l'Europe Occidentale. Mais à l'inverse de ces derniers, son essor n'est pas allé de pair avec un processus d'intégration économique fondé sur l'adoption de règles communes et la mise en place d'institutions *ad hoc*. Les cadres nationaux n'ont pas été dépassés et la dynamique régionale semble plus que jamais fondée sur l'interaction de pôles nationaux concurrents - le Japon, la Chine, la Corée du Sud - et de manière croissante l'Inde. Ces pays privilégient des politiques visant à peser et orienter les configurations et les contenus des espaces régionaux en fonction de leurs intérêts économiques et/ou stratégiques ; l'impasse des négociations commerciales multilatérales de l'été 2006 dans le cadre de l'OMC venant renforcer cette tendance. Si la zone asiatique n'est pas totalement dépourvue de réalisations en matière d'intégration économique, avec notamment l'Association des Nations de l'Asie du Sud-Est[2], aucun des grands pays mentionnés ci-dessus ne partage un dessein

---

[1] Recherche réalisée avec le concours de *Capitalisme(s) et Démocratie(s)*.

[2] Son sommet fondateur remontant à 1967.

régional avec ses alter ego hormis un foisonnement et un chevauchement de forums largement informels.
Le présent chapitre dont l'objet d'étude est l'intégration économique a pour champ d'analyse l'Asie du Nord-Est (Japon, Chine et Corée du Sud) qui répond aux conditions canoniques de l'intégration : une proximité géographique, la présence d'économies nationales diversifiées et de grande taille, et une complémentarité commerciale.
La réflexion se compose de deux parties.

La première partie fait état de la nature et de l'intensité des liens entre les trois pays asiatiques où les flux commerciaux de marchandises et les flux d'investissements directs constituent les lignes de force de l'imbrication économique. En effet, les informations disponibles font plutôt état d'une intégration partielle cantonnée à l'espace des acteurs privés, principalement les entreprises, qui déploient leurs opérations internationales en intégrant l'activité de leurs filiales tout en y associant des sous-traitants et d'autres entreprises dans des relations multiples. Les dernières données en matière d'échanges commerciaux bilatéraux montrent en outre un relâchement des liens entre la Chine et le Japon, alors que le rapprochement est lisible entre la Chine et la Corée du Sud. De manière générale, l'intégration économique présuppose la participation active d'acteurs publics et la mise en place d'institutions régionales qui transcendent les logiques nationales.

La seconde partie aborde la diversité des initiatives régionales dans le domaine commercial, financier et économique, et pointe le découplage croissant entre les sphères privée et publique. Elle s'interroge enfin sur la perspective de l'intégration économique dans cette zone géographique et conclut qu'elle demeure encore problématique.

Des relations économiques substantielles

Par relations économiques, sont entendus d'abord et surtout les flux commerciaux de marchandises et les flux d'investissements directs, les deux étant d'ailleurs de plus en plus interdépendants.
Il faut rappeler que la densification des relations économiques a été la résultante d'une dynamique relativement récente, qui s'est esquissée au début des années 1970. Afin de stimuler ses échanges commerciaux avec la Corée du Sud, le Japon a octroyé à ce dernier pays en 1973 des avantages commerciaux via le Système Généralisé de Préférences (GATT). Le lancement de la politique de réforme et d'ouverture en Chine en 1978[1] a

---

[1] Confirmée et amplifiée en 1992 à la suite de la visite de Deng Xiaoping dans les provinces méridionales.

marqué le véritable essor des relations économiques sino-japonaises, tandis que la reprise des relations diplomatiques sino-coréennes en 1992 s'est opportunément inscrite dans cette dynamique. La forte croissance économique chinoise qui a été un puissant levier pour l'insertion de l'économie nationale dans l'économie mondiale a aussi favorisé et accéléré l'intensification des relations économiques avec ses deux voisins d'autant qu'elle était de plus en plus tirée par les exportations.

Des flux commerciaux de marchandises denses

Dans le prolongement de la tendance précédente, la période 2000-2004 a vu la croissance du commerce extérieur de l'Asie orientale se situer nettement au-dessus de celle du commerce mondial. La croissance cumulée des exportations et des importations de la Chine, du Japon et de la Corée du Sud a bondi de 60 % (la croissance mondiale étant de 43 %). Cette performance s'explique par l'envol des échanges commerciaux de la Chine qui ont dépassé 140 %, la part des échanges commerciaux ramenée au produit national brut chinois dépassait 75 % en 2005 ; il se situait légèrement en deçà dans le cas de la Corée du Sud, et autour de 20 % pour le Japon (tableau 1.1).

Tableau 1.1 : Chine, Corée du Sud et Japon – quelques grandeurs économiques

Pays	*Superficie (2)*	*Population (3)*	*PNB (4)*	*Commerce extérieur / PNB*
Chine (1)	9 598	1 280	1 833 (4,1 %)	75,5 %
Corée du Sud	99	48	726 (1,6 %)	72,5 %
Japon	378	127	4 955 (11,3 %)	20,2 %
Trois pays/Monde	7,5 %	23,5 %	17 %	-

Sources : *World Development Indicators, 2005,* World Bank, *The World Factbook,* CIA, Washington.
Notes : (1) non compris Hongkong, (2) en milliers de km^2, (3) en millions d'habitants, (4) en milliards de dollars 2005 et en % du PNB Monde

La vigueur de la croissance de l'économie chinoise conjointement à sa nature s'est traduite par une nette progression de la place de la Chine dans les échanges commerciaux du Japon et de la Corée du Sud. A titre d'illustration, entre 2000 et 2005, la part de la Chine dans les exportations coréennes est passée de 11,5 à 23,5 % et dans les exportations japonaises de 7 à 13 %, alors que dans les importations coréennes elle passait de 9 à 16 % et dans les importations japonaises de 14 à 21 %. En 2003, la Chine est devenue le premier pays destinataire des exportations coréennes devant les Etats-Unis et sa troisième source d'importation derrière le Japon et les Etats-Unis. En 2004, la Chine a pointé à la troisième place, derrière les Etats-Unis et l'Union européenne, comme pays destinataire des exportations japonaises ; elle a pris la première place comme source d'importation de l'Archipel.

L'examen des soldes commerciaux fournit un éclairage complémentaire. Si l'évaluation du solde entre la Chine et le Japon est quelque peu problématique[2] et à un moindre degré entre la Chine et la Corée du Sud, il en va différemment entre le Japon et la Corée du Sud.

Dans le cas du couple Chine/Japon, le résultat obtenu est radicalement différent selon que l'on se place du côté chinois ou japonais. Cette dissonance est due à la prise en compte ou non de Hongkong dans les statistiques officielles. Selon les données douanières japonaises qui incluent Hongkong, le Japon affiche, depuis une décennie, un déficit annuel dans ses échanges commerciaux avec la Chine (entre 15 et 25 milliards de dollars), tandis que selon les sources chinoises[3] qui n'incluent pas Hongkong c'est le contraire qui prévaut. En 2005, les données douanières chinoises affichaient un déficit de 16,5 milliards de dollars pour la Chine dans ses échanges commerciaux avec le Japon, alors que pour la même année, les sources douanières japonaises faisaient apparaître un excédent de 28,6 milliards[4] pour la Chine.

Les soldes commerciaux entre la Chine et la Corée du Sud connaissent également quelques discordances : les sources douanières coréennes minorant sensiblement l'ampleur de l'excédent coréen qui a atteint, en 2005, 21,2 milliards de dollars selon les sources coréennes et 41,7 milliards selon les sources chinoises.

Si l'on part maintenant de l'ensemble des échanges commerciaux chinois, le résultat obtenu est différent. En effet, entre 2000 et 2005, la part du Japon est passée de 17 à 11 % des exportations chinoises, et de 18 à 15 % des importations chinoises. Pour la même période, la part de la Corée du Sud dans les exportations chinoises est restée stable (4 %), alors qu'elle progressait légèrement dans les importations chinoises (de 10 à 11,5 %)[5].

---

[2] En raison ou non de la prise en compte du commerce transitant par Hongkong.

[3] Elles ne tiennent pas compte du transit des produits chinois et japonais par le port de Hongkong.

[4] *Revue Asie* n°115, mai 2005.

[5] *China's Customs Statistics.*

La constatation est donc la suivante : dans le commerce extérieur chinois, la part du Japon recule et celle de la Corée du Sud stagne. Il convient d'y voir le résultat d'une politique chinoise de diversification géographique de son commerce extérieur plutôt qu'un affaiblissement des liens commerciaux entre la Chine et ses deux partenaires.

Pour la même période, l'examen des relations commerciales entre la Corée du Sud et le Japon fait apparaître une relation asymétrique. En effet, d'un côté, la part des exportations coréennes vers le Japon, rapportée à l'ensemble des exportations coréennes, décroît (12 à 9 %), alors que celle des importations coréennes en provenance du Japon reste stable (20 %). D'un autre côté et pour la même période de référence, la part de la Corée du Sud dans les exportations japonaises progresse à peine (6,8 % à 7,8 %), tandis qu'elle s'affaisse au sein des importations japonaises (9,5 % à 4,7 %). Ceci a pour conséquence de gonfler l'excédent japonais, et symétriquement un creusement du déficit coréen : entre 2000 et 2005, le solde a pratiquement doublé pour atteindre 22,3 milliards de dollars.

Si la présentation précédente des données, résultats et tendances relatives aux relations commerciales entre la Chine, la Corée du Sud et le Japon, est quelque peu fastidieuse, il a le mérite, outre une mise à plat utile de l'intensité des liens commerciaux, de faire ressortir deux phénomènes significatifs. Il s'agit, d'une part, du renforcement de la place de la Chine dans les échanges commerciaux de ses deux voisins et, d'autre part, du maintien d'un avantage commercial du Japon vis-à-vis de la Corée du Sud.

La lecture des figures 1.1 et 1.2 permet de visualiser ces deux phénomènes.

De manière générale, le résultat d'ensemble obtenu est conforme à ce que montrent les modèles gravitationnels où l'intensité des échanges commerciaux est inversement proportionnelle à la distance physique.

La question de l'intensité des échanges commerciaux entre les trois pays doit être maintenant abordée. A cet effet, nous utiliserons un indice qui neutralise les disparités de calcul des données douanières selon la source en raison des divergences mentionnées précédemment.

Figure 1.1 : Echanges commerciaux entre la Chine, le Japon et la Coré du Sud – année 2000 (en milliards de dollars)

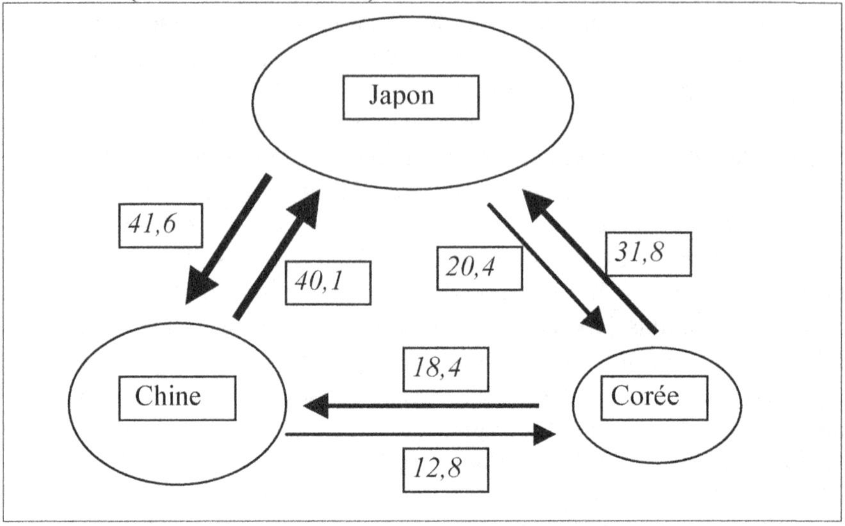

Source : *Key Indicators*, 2001, Banque asiatique de développement, Manille.

Notes : les données d'échanges Corée-Japon et Corée-Chine ont comme source les statistiques douanières coréennes ; les données d'échanges Japon-Chine ont comme source les statistiques douanières japonaises.

Figure 1.2 : Echanges commerciaux entre la Chine, le Japon et la Corée du Sud – année 2005 (en milliards de dollars)

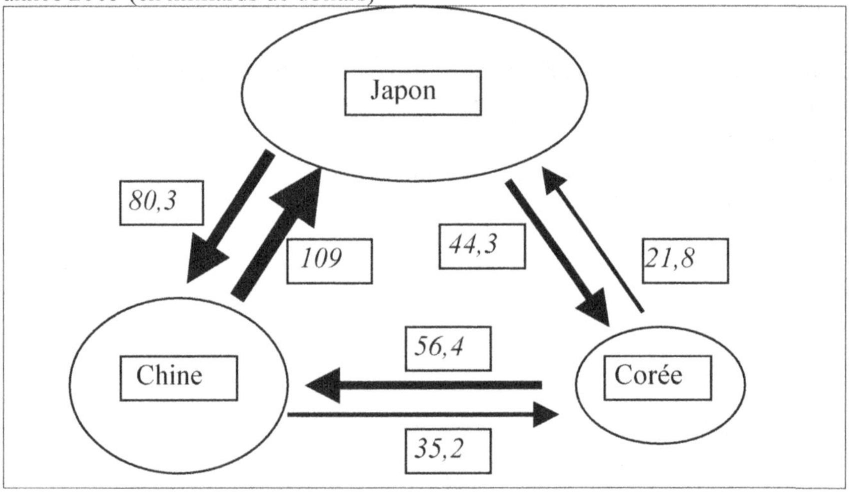

Sou
rce : *Key Indicators*, 2006, Banque asiatique de développement, Manille.

Notes : les données d'échanges Corée-Japon et Corée-Chine ont comme source les statistiques douanières coréennes ; les données d'échanges Japon-Chine ont comme source les statistiques douanières japonaises.

Indice d'intensité d'échanges commerciaux bilatéraux

Frankel & Rose (1998), puis Kim (2002) ont proposé le *proxy* suivant pour mesurer l'intensité commerciale entre deux pays :

$$w_{ijt}\ (\%) = (X_{ijt} + X_{jit} + M_{ijt} + M_{jit}) * 100/(X_{i.t} + X_{j.t} + M_{i.t} + M_{j.t})$$

par définition $w_{ijt} = w_{jit}$

où w_{ij} mesure le degré d'intensité commerciale entre deux pays *i* et *j* à la période *t*, X_{ijt} représente les exportations nominales de *i* vers *j* (symétriquement, X_{jit} représente les exportations de *j* vers *i*), M_{ijt} représente les importations nominales de *i* en provenance de *j* (symétriquement, M_{jit} représente les importations de *j* en provenance de *i*), $X_{i.t}$ représente la part des exportations totales de *i* dans le total des exportations mondiales (symétriquement, $X_{j.t}$ représente la part des exportations de *j* dans le total des exportations mondiales), et $M_{i.t}$ représente la part des importations totales de *i* dans le total des importations mondiales (symétriquement, $M_{j.t}$ représente la part des importations totales de *j* dans le total des importations mondiales).

Sources : Frankel J. & Rose A. (1998) ; Kim H. (2002)

Les résultats des calculs d'indices font ressortir le faible niveau d'intégration commerciale entre les trois pays en 2005, même si on peut déceler des disparités selon les couples de pays.

Tableau 1.2 : Indices d'intensité d'échanges commerciaux bilatéraux.

	2000	*2005*
Japon/Chine	12,6 %	11,2 %
Chine/Corée du Sud	8,5 %	11,3 %
Corée du Sud/Japon	8,9 %	9,1 %

Source : calculs effectués par l'auteur.

Le bilan est donc décevant et quelque peu surprenant car le niveau d'intégration commerciale mesuré ne semble pas jusqu'ici avoir été affecté par la forte croissance du commerce asiatique. Il en résulte que le niveau atteint est encore éloigné de celui d'autres grandes régions du monde comme l'Europe occidentale, l'Amérique du Nord où même l'Asie du Sud-Est. Ainsi, en 2004, la part des exportations intra régionales ramenée à l'ensemble des exportations mondiales s'élevait à 67,6 % pour l'Union européenne, à 55,9 % pour l'ALENA et à 23,1 % pour l'Association des Nations de l'Asie du Sud-Est (ANASE)[6].

Ceci conduit à dresser le constat suivant.

En premier lieu et contrairement à certaines idées reçues, le Japon, la Chine et la Corée du Sud sont encore, en 2005, relativement peu intégrés commercialement parlant.

En deuxième lieu, pour la période 2000-2005, la dynamique commerciale entre les trois pays ne s'opère pas de manière symétrique. Ceci est attesté par la lecture des figures 1.1 et 1.2 et du tableau 1.3. Il en ressort un renforcement des liens commerciaux autour de la Chine, qui accroît sa centralité au sein du graphe régional des relations commerciales. Mais cette place se fait via une redistribution des intensités : le Japon voit sa place relative décliner alors que celle de la Corée du Sud progresse. La résultante de ce chassé-croisé est, pour 2005, une égalisation des intensités des échanges commerciaux du Japon et de la Corée du Sud avec la Chine, la liaison Japon-Corée du Sud apparaissant comme le « maillon » faible des échanges régionaux.

En troisième lieu, la présence d'investissements japonais et coréens en Chine semble aussi avoir un effet de substitution dans les échanges commerciaux bilatéraux.

Une lecture désagrégée des échanges commerciaux fournit un éclairage complémentaire sur les modalités d'insertion commerciale. La Chine importe du Japon et de Corée du Sud via un commerce de perfectionnement, des produits intermédiaires et des biens d'équipement à haute valeur ajoutée qui lui sont nécessaires aux activités d'assemblage qui demeurent encore son principal type d'activité ; les produits finis étant en grande partie destinés aux marchés américain, européen et japonais. Cette division du travail inclut d'autres pays voisins comme l'Indonésie, la Malaisie, les Philippines, Singapour, la Thaïlande et Taïwan, pour dessiner une configuration de commerce régional de type triangulaire.

---

[6] ASEAN en anglais.

Des flux d'investissements directs diffus

Les flux d'investissements directs sont devenus un vecteur majeur de l'intégration économique au plan mondial. Mis à part les opérations de fusions-acquisitions, qui constituent encore la majorité des flux d'investissements directs transfrontaliers au plan mondial et qui concernent pour l'essentiel les pays développés, le reste se dirige des pays du Nord vers ceux du Sud. L'Asie est devenue une destination de premier plan avec toutefois une situation contrastée entre une Chine fortement attractive d'un côté, et une Corée du Sud et un Japon relativement peu attractifs de l'autre. L'explication principale réside dans des modes de croissance économique différents. Si le Japon et par la suite la Corée du Sud se sont inscrits dans une voie de développement similaire fondée sur la fermeture aux investisseurs étrangers[7], la Chine a opté, à partir de 1978, pour une large ouverture[8]. La disparité des trajectoires suivies a donc largement déterminé l'orientation des flux d'investissements directs entre les trois pays, conjointement aux écarts de développement et d'autres facteurs comme le coût du travail.

La forte croissance de l'économie japonaise après la fin de la Seconde Guerre mondiale a conduit celle-ci à investir dans les pays voisins dès les années 1960. Il s'agissait à l'origine de garantir l'approvisionnement en matières premières et en énergie requises par la forte accumulation productive nationale. Au fur et mesure du développement de l'économie japonaise, les motifs ont évolué : dans les années 1970, il s'agissait de la localisation d'activités devenues trop polluantes pour l'Archipel, puis dans les années 1980 de tirer avantage des écarts salariaux pour l'établissement de plateformes d'exportation et contourner ainsi la montée du protectionnisme pour les produits *made in Japan*, et enfin, à partir des années 1990, d'approvisionner les marchés émergents.

Dans les années 1960, bien avant la reprise des relations diplomatiques sino-japonaises et la politique d'ouverture chinoise, un certain nombre d'entreprises japonaises ont pris pied en Chine continentale via le statut de « firmes amies » par lequel elles avaient reçu un passe-droit pour opérer localement à une époque où le gouvernement chinois ne souhaitait pas sur son sol des sociétés d'un pays qui soutenait Taiwan au Conseil de sécurité de l'Organisation des Nations unies.

A partir des années 1980 et plus encore après le tournant de 1992, les firmes japonaises ont regardé la Chine comme un lieu de production privilégié pour des segments de production à fort contenu de main-d'œuvre. Une force de travail à bon marché et une offre de main-d'œuvre quasi illimitée ont été les principaux facteurs d'attractivité, d'autant que les

[7] Suivant en cela les prescriptions de l'école allemande du « protectionnisme éducatif ».

[8] Ainsi, en 2004, la part de ces unités dans la valeur ajoutée nationale se situait à 30%, et leur production a constitué 55% des exportations chinoises.

investisseurs étrangers bénéficiaient d'exemptions substantielles de droits de douanes et d'impôts au sein des zones économiques spéciales.
Après l'entrée de la Chine dans l'OMC, fin 2001, celle-ci a été perçue par les dirigeants d'entreprises japonaises comme un marché disposant d'un fort potentiel de croissance s'appuyant sur l'émergence d'une classe moyenne dans les zones urbaines. Mais si les nouvelles implantations japonaises sont désormais orientées vers la satisfaction des besoins du marché intérieur, marché qui reste très fragmenté, les exportations de l'ensemble des filiales japonaises en Chine représentent toujours, en 2005, plus de la moitié de leur production[9]. Cet intérêt pour la Chine apparaît clairement à la lecture des dernières statistiques japonaises d'investissements directs[10]. L'écart avec l'Union européenne comme zone destinatrice s'est réduit ; l'UE se maintenant en tête des destinations avec 35 % du total mondial des investissements directs japonais entre 2000 et 2004. Il faut dire qu'une part plus importante d'investissements japonais en Chine relève du secteur manufacturier (autour de 60 % du total), même s'il est aussi vrai que les montants relatifs à l'UE minorent les investissements effectifs, car les réinvestissements n'y sont pas comptabilisés[11]. En 2004, plus de 20 000 entreprises japonaises et 100 000 Japonais opéraient en Chine.

En Corée du Sud, les investissements directs étrangers ont joué un faible rôle dans le développement économique national, du moins jusqu'à la crise financière de 1997[12]. Les firmes japonaises ont néanmoins investi localement dans le cadre de la mise en place, du programme d'industrialisation nationale tirée par les exportations de biens manufacturés. A la fin de la décennie 1990, l'écart entre la Chine et la Corée du Sud comme destinataires de l'investissement japonais se situait du simple au double à l'avantage de la Chine (soit 4,2 milliards de dollars contre 8,7) et, en 2004, l'écart s'était accru de 1 à 3 (6,6 milliards de dollars contre 20,2). Les raisons avancées par les différentes enquêtes sont une combinaison de facteurs d'attractivité de l'espace chinois et de facteurs de répulsion de la Corée du Sud, tels que la nature des relations de travail et du montant élevé des salaires. Selon une récente enquête japonaise les salaires coréens étaient, en 2005, les plus élevés d'Asie hors Japon, soit sur une base annuelle : 20 275 dollars pour les

---

[9] *Survey of Overseas Subsidiaries*, METI, 2005.
[10] En effet, si la Chine ne représentait encore, en 2000, que 1% de la totalité des flux d'investissements japonais sortant, toutes destinations confondues (10% de la zone asiatique), en 2004, cette part atteint 13%, soit près de la moitié de celle de la zone asiatique, ce qui la place en tête des destinations asiatiques depuis 2002.
[11] La Balance des Paiements ne retient que les sorties de capitaux du Japon.
[12] Cela était dû à une attitude généralement hostile vis-à-vis des investisseurs étrangers conjointement à la présence de restrictions légales.

ouvriers et 43 927 dollars pour les cadres coréens, contre 2 328 dollars pour les ouvriers et 10 034 dollars pour les cadres chinois[13].
Enfin, la Chine est devenue, en 2002, la première destination de l'investissement direct coréen à l'étranger : en 2003, les flux à destination de la Chine ont représenté près de 40 % de l'ensemble des flux sortants[14]. Si à l'origine, l'investissement coréen émanait de PME, les grands *chaebol* ont commencé à investir en Chine à la fin des années 1990 afin d'approvisionner des marchés locaux émergents conjointement à la fourniture de marchés extérieurs. En 2004, Samsung y employait plus de 50 000 personnes dans 26 sites de production, LG près de 35 000 personnes dans 35 filiales. Cette vague d'investissement et de délocalisation n'est pas neutre pour la base productive coréenne et elle ne manque pas de susciter des inquiétudes en termes d'évidement à l'image de ce qui s'est passé à Taïwan[15].
De manière générale, la progression respective des investissements d'origine japonaise et coréenne est visible dans les statistiques chinoises (tableau 1.4) : leurs parts progressent dans l'ensemble des flux d'investissements entrants. En 2004, les flux d'origine coréenne se sont élevés à 6,2 milliards de dollars et sont ainsi passés devant ceux originaires du Japon (5,4 milliards de dollars) et ceux en provenance des Etats-Unis (3,9 milliards de dollars) comme première source nationale derrière Hongkong et les paradis fiscaux des Caraïbes.

Si les flux d'investissements directs entre les trois pays sont majoritairement orientés du Japon et de la Corée du Sud vers la Chine, on voit toutefois émerger depuis peu des flux de sens inverse. La Corée du Sud était même, en 2004, avec un encours d'investissements directs chinois de 562 millions de dollars la première destination nationale asiatique, hormis Hongkong et Macao[16]. On peut illustrer cette tendance par une prise de participation en 2002 de 10 % dans Daewoo par Shanghai Automotive Co. ; en 2003, Hydis, entreprise coréenne spécialiste des écrans plats, est acquis par Boe Technology pour un montant de 380 millions de dollars ; enfin, en 2004, Ssang Yong Motor Co., quatrième producteur coréen d'automobiles, est racheté par Shanghai Automotive Co. pour un montant avoisinant 700 millions de dollars. Du côté japonais on peut faire état de l'acquisition, en 2001, de *Akiyama Printing Machinery Manufacturing* par le groupe *Shanghai Electric* ; puis en 2004, de *Ikegai Corp.* par la même entreprise.

[13] Enquête menée au mois de septembre et octobre 2005 auprès de 950 entreprises japonaises implantées en Asie (source : Nikkei Research).
[14] *Economic survey of Korea*, OECD, 2004.
[15] Voir Lee & Kim 2004.
[16] Source : Ministère du commerce chinois, 2005.

Tableau 1.3 : Principaux flux d'investissements directs étrangers réalisés en Chine selon l'origine géographique (en milliards de dollars courants).

Pays/Années :	*2000*	*2001*	*2002*	*2003*	*2004*
Hongkong	15,5	16,7	17,8	17,7	19
Paradis fiscaux	4,9	6,9	8,7	8,1	n.d.
Japon	2,9	4,3	4,2	5	5,4
Etats-Unis	4,4	4,4	5,4	4,2	3,9
Taïwan	3,4	3	4	3,4	3,1
Union européenne	4,5	4,2	4,2	4	n.d.
ANASE	2,8	3	3,2	2,9	n.d.
Corée du Sud	1,5	2,1	2,7	4,5	6,2

Source: *China Statistical Yearbook*, 2005, Pekin.

Le principal enseignement qui ressort de la lecture précédente des flux commerciaux et des flux d'investissements, est l'accélération du rapprochement économique entre la Chine et la Corée du Sud (accroissement des échanges commerciaux bilatéraux, vive progression du solde commercial à l'avantage de la Corée du Sud et essor des investissements directs coréens en Chine). Ceci a comme corollaire un recul de la place du Japon.

Le rapprochement économique entre la Chine et la Corée du Sud est également perceptible dans le mouvement des personnes. Le nombre d'étudiants coréens répertoriés en Chine a dépassé en 2000 celui des étudiants japonais, et en 2003, leur nombre dépasserait tous les autres contingents nationaux. En sens inverse, le même constat peut être fait au niveau des universités coréennes qui accueillent des flux croissants d'étudiants chinois[1].

[1] Interview réalisée par l'auteur à la *Seoul National University* (2005).

Des réseaux productifs transrégionaux orientés

Les relations économiques entre la Chine, la Corée du Sud et le Japon s'inscrivent dans un cadre productif plus large, qui est largement le produit de stratégies d'internalisation de la part de firmes transnationales qui façonnent la division régionale du travail. Cette dynamique a été particulièrement développée dans la filière électronique en raison de la fragmentation des processus productifs et de la désintégration/spécialisation de la plupart des entreprises. La Chine a tout naturellement pris place dans cette division du travail en raison de ses importantes réserves de main-d'œuvre à bas coût et la présence de nombreux producteurs de composants. A cela s'est ajoutée la politique tarifaire sélective suivie par la Chine consistant à exempter de droits de douanes les importations de composants devant être incorporés dans des biens finaux exportés. Cette mesure incitative a incontestablement favorisé l'imbrication de l'espace chinois dans le commerce asiatique comme base d'assemblage pour les pays voisins[2].
Il apparaît que cette insertion a été largement instrumentalisée par les filiales étrangères implantées en Chine et a donné lieu à un cadre d'échanges de type triangulaire (figure 1.3). La masse de l'économie chinoise (ou sa capacité d'absorption en investissements productifs sous contrôle étranger) s'est traduite par une éviction progressive du Japon et de la Corée du Sud de la production de biens intensifs en travail. Ceci explique l'importance accordée aux dépenses de recherche-développement privées dans ces deux pays et le phénomène est particulièrement remarquable au Japon où l'effort de recherche-développement des entreprises s'est maintenu durant la période de très faible croissance économique et de déflation correspondant à la période 1992-2002.

Si le développement des réseaux productifs transasiatiques a permis l'essor du commerce intrarégional, particulièrement de composants et matériels comme le montrent les différentes enquêtes et études empiriques, il apparaît que cette insertion demeure très focalisée (essentiellement dans la filière électronique), très dépendante de la demande finale de marchés extérieurs à l'Asie, et surtout de l'emprise des firmes étrangères sur l'investissement productif et l'innovation dans le cas de l'économie chinoise. Cet état de fait explique l'exacerbation du niveau de la concurrence dans un nombre grandissant de secteurs ainsi que la recherche de stratégies visant à contourner l'emprise des groupes étrangers.

---

[2] Lemoine et Unal-Kesenci (2004).

Figure 1.3 : Représentation du commerce triangulaire asiatique

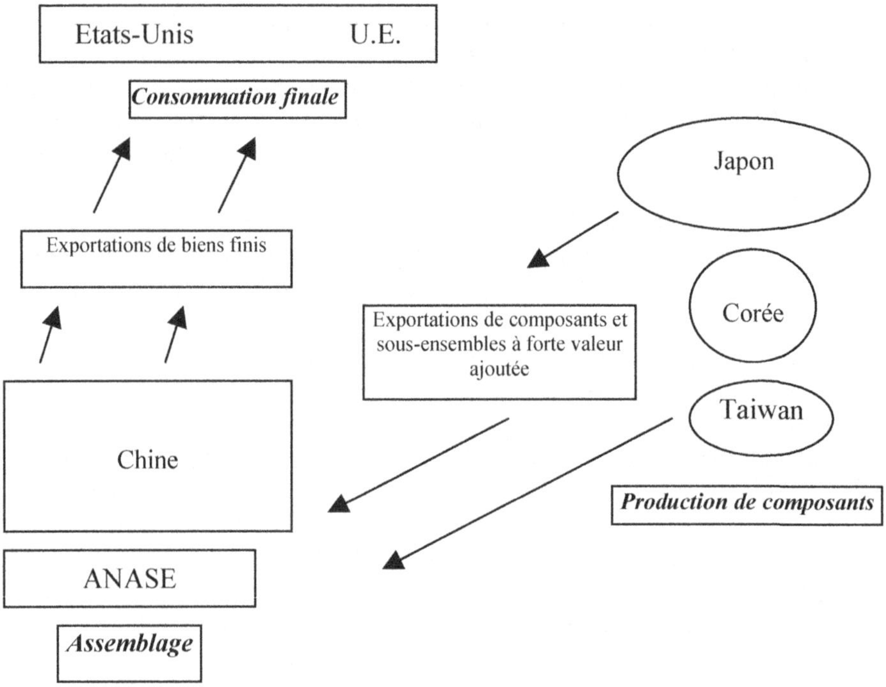

Source : Schéma effectué par l'auteur.

Des cadres institutionnels régionaux encore largement informels

Les cadres institutionnels économiques – entendus ici comme des systèmes communs de règles établis par les pouvoirs publics en direction des acteurs privés – au sein des pays de l'Asie orientale sont encore largement informels. Aucune part du commerce intra-zone n'est concernée par un accord commercial effectif alors que le domaine financier et monétaire sort à peine d'un dispositif anti-crise. A cela plusieurs raisons : mémoire aiguë de la crise financière régionale de 1997-1998, vulnérabilité des systèmes bancaires et financiers nationaux, prééminence du dollar dans le système monétaire international, et en toile de fond la montée des tensions politiques et stratégiques entre le Japon et la Chine.

Le cadre commercial

Jusqu'à la fin des années 1990, l'Asie n'avait pas de cadre commercial régional institutionnalisé à l'exception notable de l'ANASE et de l'initiative prise en 1992 de créer en son sein une zone de libre-échange (ASEAN Free Trade Area, AFTA). L'établissement de l'*Asia-Pacific Economic Cooperation* (APEC) en 1987, faisant suite à une initiative conjointe du Japon et de l'Australie, n'a jamais pu s'accompagner d'une réelle coopération économique au niveau régional. Elle a toutefois eu le mérite de rappeler l'extrême diversité de l'Asie et le temps nécessaire à une représentation partagée de ce que devrait être une communauté régionale avant de viser des résultats tangibles.

Le Japon a été un moteur de la régionalisation économique dans la seconde moitié des années 1980, puis un promoteur de cadres institutionnels à la fin des années 1990. Mais l'intérêt régional de la Chine après son entrée dans l'OMC[3], fin 2001, constitue désormais la ligne de force du jeu coopératif régional.

L'examen des initiatives prises par les trois pays depuis le début des années 2000, est révélateur de la stratégie d'évitement et de contournement développée jusqu'ici, même si l'absence d'accords commerciaux a été longtemps justifiée par les gains retirés par l'économie japonaise, puis coréenne du cadre d'échange multilatéral, alors que la Chine n'était pas encore membre de l'OMC.

Ce statu quo a été rompu par l'initiative commerciale chinoise vis-à-vis des pays de l'ANASE. Alors que les négociations d'adhésion à l'OMC étaient sur le point de s'achever, la Chine s'est tournée vers l'ANASE pour lui proposer l'établissement d'un accord commercial préférentiel. Ce choix, érigé comme priorité nationale, était dicté par des considérations stratégiques et politiques, mais aussi économiques en raison de la proximité géographique et du statut de pays en développement de ses membres[4]. Les négociateurs chinois ont néanmoins été rapidement désorientés par la nouveauté du problème auquel ils étaient confrontés, en dépit d'un certain apprentissage opéré avec l'administration nord-américaine après dix années de laborieuses négociations pour l'entrée dans l'OMC. L'insistance des plus hauts dirigeants chinois pour la poursuite des négociations a eu finalement raison des premières hésitations, et les négociations ont pu être menées à leur terme avec comme objectif l'établissement d'une zone de libre-échange.

---

[3] La Chine a commencé à acquérir de l'expérience dans le cadre de l'APEC après son intégration en 1991, puis pris de l'assurance en s'impliquant dans l'*ASEAN plus trois*.

[4] Cette dernière motivation relevant de l'*Enabling Clause* de l'OMC qui permet aux pays en développement de conclure des accords commerciaux bilatéraux à des conditions beaucoup plus permissives que l'article XXIV ne l'autorise et qui s'applique aux pays développés.

entre la Chine et l'ANASE : 2010 pour les anciens membres de l'ANASE[5] et 2015 pour les nouveaux membres[6]. D'ici là, il a été prévu des libéralisations partielles (*Early Harvest Programme*) qui ont d'abord touché les échanges sino-thaïlandais.

Les initiatives prises par la Chine en matière commerciale ont sorti le Japon de sa torpeur : celui-ci ne souhaitait pas laisser la Chine prendre un avantage en matière d'accords de commerce régionaux d'autant que l'engagement concernait les pays de l'ANASE qui font parties de sa zone d'influence.

Partant de là, les autorités japonaises ont proposé l'ouverture de négociations avec cette communauté de pays, tout en prenant soin de ménager le lobby agricole japonais. L'objectif proposé était la mise en place d'une zone de libre-échange entre le Japon et les pays de l'ANASE pour 2012. La progression des négociations étant quelque peu retardée par l'ouverture en parallèle de négociations bilatérales avec un certain nombre de pays membres (tableau 1.4).

La Corée du Sud a été le troisième acteur à entrer en lice, même si ce pays a été un précurseur avec Singapour en Asie pour l'amorce de négociations commerciales bilatérales[7]. Le « pays du matin calme » a ouvert à son tour des négociations commerciales avec l'ANASE, parallèlement à la poursuite de discussions avec le Japon, et la finalisation d'un premier accord commercial avec le Chili. L'approche suivie à l'encontre de l'ANASE se veut quelque peu différente de celle poursuivie par les deux autres pays, l'accent étant mis sur la constitution d'une véritable communauté asiatique. Une lecture du contenu des propositions faites par le Japon et la Corée du Sud montre une position coréenne de départ plus ouverte que celle des Japonais avec une liste d'exclusion plus réduite (peu de produits agricoles étant pris en compte). Vis-à-vis de l'ANASE, l'objectif affiché est d'instaurer une zone économique entre les deux espaces à l'horizon 2009, avec l'ambition de dépasser ses deux voisins. Un tel calendrier montre bien le cadre de ces initiatives qui sont conçues et mises en œuvre selon une logique concurrentielle. Celle-ci profite, jusqu'à un certain point, à l'ANASE qui est ainsi devenu le partenaire incontournable au plan régional. Pour certains analystes[8] celle-ci détiendrait même la clé d'un véritable accord commercial associant la Chine, la Corée du Sud, le Japon et même l'Inde qui vient d'ouvrir des négociations commerciales avec l'ANASE.

Cette perspective séduisante nous semble problématique pour plusieurs raisons : d'abord des raisons internes comme la faiblesse des organes de

---

[5] Sultanat de Brunei, Indonésie, Malaisie, Philippines, Singapour et Thaïlande.

[6] Cambodge, Laos, Myanmar et Vietnam.

[7] En effet, la Corée du Sud avait déjà ouvert en septembre 1999 des négociations commerciales avec le Chili.

[8] C'est, par exemple, ce que propose le président de la Banque asiatique de développement (*Financial Times*, 9/02/2006, p. 6).

Tableau 1.4 : Les différents accords préférentiels impliquant la Chine, la Corée du Sud et le Japon – discussions, négociations, signatures en vigueur (juillet 2006)

Pays Partenaires	*Statut*	*Date*
Chine avec...		
<u>En Asie :</u>		
ANASE	signé	2002
Thaïlande	en vigueur	2003
Inde	discussions préliminaires	2004
Australie	négociations	2003
Chili	signé	2005
Conseil de Coopération du Golfe*	négociations	2005
Corée du Sud avec...		
<u>En Asie :</u>		
Japon	négociations suspendues	1998
Singapour	signé	2005
ANASE	signé	2005
Inde	discussions préliminaires	2006
	signé	2006
AELE [9]	en vigueur	2004
Chili	début des négociations	2006
Etats-Unis		
Japon avec...		
<u>En Asie :</u>		
Corée du Sud	suspendu	2004
Singapour	en vigueur	2002
ANASE	discussions	2003
Malaisie	négociations	2004
Thaïlande	négociations	2004
Inde	discussions préliminaires	2005
Indonésie	discussions	2005
Philippines	signé	2006
Chili	négociations réactivées	2006
Mexique	en vigueur	2005
Conseil de Coopération du Golfe* [10]	début des négociations	2006

Sources : Rapports OMC, 2006, Genève ; Nikkei Shimbun, 2006, Tokyo & www.bilaterals.org, 2006.

[9] Regroupe l'Islande, le Liechtenstein, la Norvège et la Suisse

[10] Regroupe depuis 1981 : l'Arabie Saoudite, Barheïn, Koweit, Oman, Quatar et les Emirats Arabes Unis

gouvernance de l'ANASE, la disparité économique et politique de ses différents membres, les tensions générées par la cohabitation d'une zone de libre-échange interne (*ASEAN Free Trade Area* ou *AFTA*) et les accords bilatéraux tous azimuts poursuivis par certains membres (Singapour et Thaïlande) ; ensuite, une raison externe qui est la rivalité ouverte en termes d'influence et de *leadership* sur l'Asie orientale entre la Chine et le Japon.
Par ailleurs, le projet de zone de libre-échange en Asie de l'Est (*East Asia Free Trade Area* ou *EAFTA*) est encore au stade du simple engagement de long terme.

La lecture du tableau 1.5 ci-dessous montre que la part du commerce couvert par des accords commerciaux bilatéraux est encore faible ; le Japon se situant entre la Chine et la Corée du Sud.

Tableau 1.5 : Part du commerce extérieur japonais couvert par des accords bilatéraux comparée aux deux autres pays d'Asie du Nord-Est en 2005 (en milliards de dollars et en %)

Pays	Exportations vers pays partenaires	Montant (A)	Total des exportations (B)	Part des exportations couverte par un accord commercial (A/B) en %
Japon	Singapour Mexique Malaisie	17,3 6,5 11,7	- - 558	- - 4,5
Chine	ANASE	53,9	762	7,1
Corée du Sud	Chili Singapour AELE	1,2 7,4 1,1	- - 284,5	- - 3,3

Sources : *www.customs.go.jp, 2005 ; www.customs.go.kr, 2005 ; mofcom.gov.cn, 2005.*

Abordons maintenant les projets de coopération commerciale bilatérale entre la Chine, la Corée du Sud et le Japon.
Le dessein d'un accord commercial entre le Japon et la Corée du Sud, qui a longtemps donné l'impression d'aller jusqu'au bout et qui aurait eu un impact significatif sur le commerce régional, s'est finalement enlisé au fil de l'année 2004. La cause principale invoquée par les négociateurs coréens réside dans les demandes japonaises jugées exorbitantes pour l'exclusion des produits agricoles alors que pour les négociateurs japonais, c'est la demande

coréenne de différer l'ouverture à la concurrence d'un certain nombre de secteurs non compétitifs par rapport à leurs homologues japonais qui est en cause. Il est vrai que si la Corée du Sud a affiché en 2005 un déficit dans ses échanges commerciaux avec le Japon, la Corée du Sud a toutefois dégagé un excédent dans le domaine des produits agricoles (1,1 milliard de dollars). Ces récriminations de part et d'autre révèlent l'absence d'un climat de confiance permettant de transcender ces obstacles.

La perspective d'un accord commercial entre la Chine et la Corée du Sud est soutenue par Pékin mais crainte à Séoul, car la libéralisation du commerce des produits agricoles pose de redoutables problèmes aux agriculteurs coréens en raison de la parfaite substituabilité des produits[11].

Depuis le début de l'année 2006, la Corée du Sud a ouvert des négociations avec les Etats-Unis à la demande de ce dernier. Ce projet comporte deux difficultés sectorielles pour les négociateurs coréens : il s'agit des produits agricoles d'une part[12], et des services de l'autre, car les Coréens sont attachés à l'« exception culturelle » pour les contenus informationnels. La nature de l'accord qui en résulterait devrait avoir des effets sur les accords à venir avec des pays voisins.

Enfin, entre la Chine et le Japon, il n'y a pas d'initiative officielle à ce jour dans le domaine commercial.

Le cadre financier et monétaire

La crise financière asiatique de 1997-1998 a constitué un tournant. Elle a fait prendre conscience aux dirigeants des pays asiatiques qu'ils devaient à l'avenir défendre leurs intérêts car les institutions financières multilatérales, comme le Fonds Monétaire International (FMI), étaient sous l'influence des Etats-Unis. Il en a résulté une sortie du « consensus de Washington » pour ces pays, qui s'est traduit par l'établissement par les banques centrales asiatiques de réserves de change substantielles ainsi que l'amorce d'une coopération financière régionale sans aller toutefois jusqu'à la rupture avec le système multilatéral. A l'origine, on trouve la proposition japonaise de création d'un Fonds monétaire asiatique au plus fort de la crise financière. Indéniablement, elle a constitué la première initiative d'envergure régionale mais n'a pas pu se concrétiser en raison de l'opposition conjointe des Etats-Unis, de la Chine et du FMI. Au mois de mai 2000, en marge du sommet annuel de la Banque asiatique de développement qui se tenait à Chiang Mai (Thaïlande), les ministres des Finances de l'*ASEAN plus trois* ont convenu de mettre en commun leurs réserves de change.

---

[11] En effet, l'agriculture chinoise produit exactement les mêmes denrées que celle de Corée du Sud mais à des coûts beaucoup plus faibles et en grandes quantités.

[12] Les droits de douanes moyens sur les produits agricoles coréens s'élevaient, en 2001, à 44% alors qu'ils se situaient à 10,5% au Japon et à 9,4% pour l'UE (OCDE 2004).

L'initiative de Chiang Mai a été et demeure à ce jour le seul projet trans-régional d'envergure dans le domaine monétaire et financier. Elle est fondée sur une série d'accords bilatéraux de swap et de rachat de devises à échéance de trois mois entre banques centrales des pays membres. Il s'agit de doter les pays participants de moyens appropriés pour faire face à des crises à venir similaires à celle qui a frappé durement la région en 1997 et 1998. Elle s'inscrit encore dans le cadre du système multilatéral (coordination avec le FMI pour l'attribution des facilités financières). Certains spécialistes[13] y ont vu le début d'un processus original d'intégration régionale passant pour la première fois par une coopération monétaire et financière plutôt que par l'accroissement du commerce intrarégional. Malgré un certain nombre de limites initiales – aspect volontaire et bilatéral des accords, faiblesse relative des montants disponibles – il semble que l'initiative ait pu avancer récemment dans le sens d'une plus grande coopération. A la dernière réunion de 2005, il a été convenu d'abandonner l'aspect bilatéral pour se doter d'un processus collectif de décision, d'accroître le montant cumulé disponible pour les accords swap (soit 40 milliards de dollars début 2005), et d'améliorer la surveillance macroéconomique au sein de l'*ASEAN plus trois*. Il n'en demeure pas moins que l'on peine toujours à sortir d'une logique de gestion de crise, car il n'y a pas de réel projet de coordination des taux de change à l'instar du mécanisme de change[14] mis en place en 1979 par le Système Monétaire Européen. Une telle initiative constituerait indéniablement une avancée significative en termes de coopération et d'intégration monétaire.

La raison principale réside dans le fait que les autorités chinoises ont à ce jour un moindre intérêt économique à une véritable coopération monétaire régionale que les autres pays asiatiques, même si la stabilité des prix relatifs est un facteur éminemment favorable au développement des échanges commerciaux. Cela s'explique par le fait que les exportations chinoises sont moins sensibles aux variations de taux de change de ses partenaires asiatiques qu'elles ne sont aux variations du yuan15.

La deuxième initiative régionale, dénommée Asian Bond Market Initiative, a vu le jour en décembre 2002 dans laquelle le Japon a joué un rôle de premier plan[16]. Elle procède d'une priorité partagée par tous les gouvernements de la région pour le développement de marchés obligataires publics nécessaires à l'établissement de *benchmarks* pour les marchés obligataires nationaux. Il s'agirait par là de rediriger l'épargne abondante au

---

[13] Cf. notamment Dieter et Higgot (2002).

[14] Système de taux de change fixe ajustable où les participants déterminent un taux de change officiel pour tous les pays ainsi que des bandes de variation dans lesquelles les monnaies peuvent fluctuer librement par rapport au cours « pivot ».

[15] D'après Bénassy-Quéré et Lahrèche-Revil (2003).

[16] E. Dourille-Feer, L'économie du Japon, p. 103.

plan régional vers les besoins de financement locaux. Onze banques centrales ont dû lancer un deuxième fonds doté de 2 milliards de dollars abondé par ses membres et investi en titres souverains ou assimilés libellés en devises locales dont le yuan chinois. Ce montant paraît encore faible surtout si on le compare aux réserves de changes accumulées par les Banques centrales asiatiques depuis la fin de la crise financière régionale de 1997. A la fin 2005, avec 850 milliards de dollars de réserves de change la Banque du Japon se situait au premier rang mondial pour le volume de réserves de change et elle était talonnée par la Banque centrale chinoise (près de 820 milliards de dollars).

Quelles perspectives pour l'intégration économique asiatique ?

La situation qui prévaut actuellement au sein de l'Asie du Nord-Est est celle de l'absence d'un véritable projet d'intégration économique dans un cadre multidimensionnel conduisant à une interdépendance entre les différents espaces nationaux. La multiplication des initiatives et de leurs chevauchements ne nous paraît pas constituer les étapes d'une intégration économique car l'espace régional se caractérise fondamentalement par une rivalité dont les facteurs économiques ne sont qu'une variable de l'équation à côté de facteurs historiques, politiques et stratégiques, même si la quête de reconnaissance internationale et l'affirmation d'une identité nationale sont de plus en plus déterminées par les performances économiques. Les inévitables tensions qui en découlent se sont exacerbées tout au long du mandat du Premier ministre japonais J. Koizumi (2001-2006).

Toutefois, l'arrivée du Premier ministre au Japon, Shinzo Abe, en septembre 2006, a constitué une réelle opportunité pour l'amélioration des relations entre le Japon et ses voisins, d'autant que ce dernier s'est fixé comme priorité la restauration d'un climat de confiance en prenant l'initiative de rencontrer rapidement les dirigeants chinois et coréens. Partant de là, la sphère politique a pu se rapprocher de la sphère économique, et favoriser à nouveau le développement de projets communs. Mais le chemin conduisant à l'intégration économique dans cette partie de l'Asie est encore long.

Bibliographie

ANTKIEWICZ A. et WHALLEY J., 2004, "China's new regional trade agreements", NBER *Working Paper* n° 10992.

BENASSY-QUERE A. et LAHRÈCHE-REVIL A., 2003, "Trade Linkages and Exchange Rates in Asia: the role of China", *CEPII Working Paper*.

DOURILLE-FEER E., 2005, *L'économie du Japon*, Paris, La Découverte.

DIETER H. et HIGOTT R., 2002, "Exploring alternative theories of economic regionalism: from trade to finance in Asia co-operation", *Review of International Political Economy*, vol. 10, n° 3.

ERNST D., 2003, "The new mobility of knowledge: digital information systems and global flagship networks", *East-West Center Working papes* n° 56.

FRANKEL J. et ROSE A., 1998, "The endogeneity of the optimum currency area criteria", *Economic Journal*, vol. 18.

GAULLIER G., LEMOINE F. et UNAL-KESENCI D., 2005, "China's integration in East Asia: production sharing, FDI and high-tech trade", *CEPII Working paper*.

HAMILTON-HART N., 2003, "Asia's new regionalism: government capacity and cooperation in the Western Pacific", *Review of International Political Economy*, vol. 10, n° 2.

KIM H., 2002, "Has intensity among *ASEAN + 3* increased ?" *KIEP Working paper*.

LEE J.-S., 2002, "Building an East Asian Economic Community", *Les Etudes du CERI*, n° 87.

LEE K. et KIM M., 2004, "The rise of China and the Korean firms looking for a new division of labour", *KIEP Conference Paper*.

LEMOINE F. et UNAL-KESENCI D., 2004, "Assembly, trade and technology transfer : the case of China", *World Development*, vol. 32, n° 5.

METI, (Ministry of Economy, Trade and Industry), 2005, *White Paper on International Economy and Trade*, Tokyo.

MILELLI C., 2004, L'Asie dans l'industrie électronique mondialisée, *Accomex* n° 60.

MILELLI C., 2006, "The surge of Preferential Trade Agreements across Asia : What is at stake ?" *Journal of International Logistics and Trade*, vol. 3, n° 2.

MUNAKATA N., 2004, "Regionalization and regionalism : the process of mutual interaction", *RIETI-METI Discussion paper*.

NICOLAS F., 2004, L'irrésistible ascension de la Chine en Asie orientale, *Politique étrangère* n° 2.

YAMAZAWA I., 2001, "Assessing a Japan-Korea FTA", *The Developing Economies*, vol. 39, n° 1.

ZHOU W., 2004, "New regionalism in East Asia", Universität Trier, *Working paper*.

Chapitre 2

DEMOCRATIZING REGIONAL GOVERNANCE
Toward people based East Asian Community

Jun NISHIKAWA

In today's East Asia area, several regional cooperation schemes are going on, such has East Asia Community or East Asia Summit. We will examine in this presentation, first, the rationale of regionalist policy in the age of globalization and its implication on peace and human right issues in the region ; second, we will see various regional/social gaps and exclusion of weaker people which have become apparent with the progress of globalization and the means by which regionalist policy can tackle with these "failures" of globalization. ; and, thirdly, how we can strengthen the peace and human right in East Asian scene.

Our hypothesis is the following. In recent years, in East Asia, the civil society has appeared as major promoter of democratization. The civil society, groups of NGOs/NPOs (Non Governmental Organization/Non Profit Organization) and other civic groups including churches, foundations, cooperatives, etc., enlarging the public sphere, which can exist among interaction of the government, market and civil society, can promote further human rights and peace in the region. Already, the democratization has strongly progressed in Korea, Taïwan, and to some extent, in Japan. How the civil society can enlarge regional public sphere? This is through their networking activities in the area of human right, environment and peace.

Before entering in our discussion, we would like to define key terminologies used in the article.

- Civil society: gathering of citizens who have the notion of sovereignty over society.

- Public sphere: the space which can exist between interaction of the government, market and civil society. Through this space, the power holder can manipulate other agencies, however, at the same time, the governed citizens can act on the behavior of other agencies: government and private business. (See Figure 1)[1]
- Globalization: move of transnational corporations to expand market across the state borders. It involves liberalization, deregulation and lesser state intervention. Expansion of market economy, competition, efficiency and generalization of the market criteria are characteristics of the globalization
- Governance: state/manner of governing; the relations of governing and governed parties

Figure 1 Public Sphere

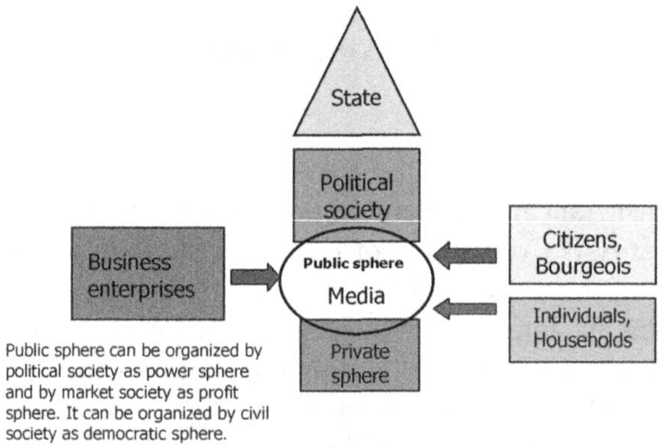

We will discuss our hypothesis hereby listed.

Progress of globalization and appearance of new regional cooperation schemes

We live today in an age of globalization which has been promoted by development of multinational enterprises across the national borders.
It is well known that the signs of « unpeacefulness » have spread all over the world in recent decades.

[1] This notion was first proposed by *Prison Letters* written in the early 1930s by Antonio Gramsci (1975). He emphasized the possibility of democratizing public sphere under the fascist regime. Habermas (1988) pointed out that, through this sphere, the power elite can manipulate citizens, transforming them into an amorphous mass.

A small part of the humanity has been enjoying certainly unprecedented prosperity, but the third quarter conduct unstable and often deprived life. There are constant wars caused by hegemonic superpowers in the Third World countries, which seem to be not obedient to the world order dictated by the formers. There are wars and conflicts among various ethnic groups in Afghanistan, Burma, Liberia, Sierra Leone, Sri Lanka, ex-Soviet Union, Sudan and other places.
The rivalry between the states to exercise the control over natural resources, raw materials and different type of food seems to have started with the tremendous progress of industrialization all over the world.

At the same time, it seems that various regional and social gaps have been enlarging, resulting in poverty and exclusion of socially weaker people. The major reasons of this can be interpreted as follows: after the 1980s-90s, the globalization which was promoted by multinational corporations has rapidly evolved. The freer economy, lessening the governmental intervention, promoting deregulation and «marketization», has progressed. Everything today tends to be seen by market consideration and to become pure merchandise. The efficiency and competition prevail, in which weaker people were left behind and even excluded.
The environment has also been deteriorated: pollution, deforestation, desertification, destruction of ecological system including global warming, water and resources depletion are most accused phenomena. The recent increase of natural disasters, or even transmitted diseases, new and recurrent, seems to be based on this progress of world-wide progress of marketization. All these hit harshly deprived people and, in return, increase of deprived and vulnerable people amplifies the effects of calamities and NTD/RTD[2].
We count also many refugees due to war, conflicts, political oppression, added by environmentally and economically displaced people. The refugees and displaced people have increased the number of socially weaker population. There are also huge flows of migrant workers, both domestic and international, whose social status is uncertain everywhere.
The globalization is accompanied by freer trade. In the globalizing regime promoted by IMF, World Bank and WTO, free trade emphasizes the gaps between the North and the South, Rich and Poor. That is why, the Doha round which was being negotiated at WTO forums is confronting serious deadlock. It had confronted criticisms and opposition rose by both.
This blockade in the global trade liberalization led to increasing negotiation of Free Trade industrialization, more numerous countries want to have freer trade between themselves and Agreement (FTA) in various parts of the world. It is true that together with the progress of industrialization, more numerous countries want to have freer trade between themselves and

[2] NTD/RTD are related to database calamities.

between them and developed nations. The increase of regional cooperation scheme has its root in this necessity to enlarge the state trade.

There is another reason to promote regional cooperation scheme. In the age of globalization, the globalism is promoted by multinational corporations and the international organizations and superpower which are associated with the formers. There are some middle/small scale countries that are fearful of the domination of international politics by the superpower. Originally, the European Community was formed on the basis of such concern. ASEAN was also formed to countervail the impacts caused by the USSR and communist forces. In 1991, the then Prime Minister Mahathir of Malaysia proposed to form an East Asia Economic Caucus (EAEC) to assure the intervening power of middle/small nations in South East Asia in international scene. EAEC was the first proposal to associate South East Asian nations to those of East Asia (ASEAN plus Three[3] schemes).

We see there are both economic and political reasons to promote a regionalist policy in South East and East Asia.

Now, what are the effects of such proposal on Peace and Human Right issues in the region?

ASEAN has its own concern to distribute equally benefits from regional integration to member countries and institute preferential measures for underdeveloped member countries. For example, it sets different goals to achieve trade liberalization for advanced countries and backward ones in the region.

However, it is true that ASEAN emphasizes the cooperation with East Asian countries, starting from FTA (called Equal Partnership Agreement- : EPA) and then the financial cooperation which would be very necessary in a world where excess US dollar liquidities flow and one country's currency can be easily targeted for the benefits of financial speculators such as Hedge Fund and organized investors.

It seems that economic concerns precede the other, that is why, in East Asian cooperation schemes, different national interests appeared and amplified, which led to the two types of regional cooperation schemes which compete each other : one is East Asian Community (ASEAN plus Three) and the other is East Asia Summit (ASEAN plus Six) backed by Japan[4].

---

[3] The "plus three countries are: Japan, China and South Korea. In Asia-Pacific scene, the APEC (Asia-Pacific Economic Cooperation) has been instituted since 1989 as a regional cooperation body. However, ASEAN does not seem to trust on this organization, in which U.S. influence is very strong.

[4] In December 2004, in the Special Summit of ASEAN-Japan meeting held in Tokyo, the then Prime Minister Koizumi endorsed the proposal of ASEAN plus Three cooperation scheme, and the necessity to form an East Asian Community (EAC) was pointed out in the Declaration of the ASEAN-Japan Special Summit. Then, in December 2005, the ASEAN-Japan Summit meeting appealed to convene the East Asia Summit to discuss concretely the formation of an EAC. However, at that time, Japan proposed suddenly to include India, Australia and New Zealand to be invitees in EAS. It is widely reported that, inclusion of India constitutes the counter balance to China, which might exercise hegemony over EAC and that of Australia and New Zealand was made to show U.S.A. that EAC is not anti-U.S./West regional body.

Why this different proposal ? The original idea of ASEAN plus Three (Japan, China, Korea) was promoted by ASEAN and then was supported by China. But, Japan, who was fearful of the increased influence of China in the region, proposed at the time of concretization of EAC scheme and of convocation of an East Asia Summit (EAS), which was originally conceived to be the governing body of EAC, to include India, Australia and New Zealand in this EAS forum. That is why, in 2006, we see the parallel starting of two regional bodies, EAC and EAS. Since then, EAC (ASEAN plus 3) and EAS (ASEAN plus 6) have been convened in parallel. For more detailed examination of the history of EAC and EAS, see Nishikawa (2007C).

This fact shows how national rivalries, which seem to have been amplified under the globalization, are accused even in the forums to negotiate regional cooperation.

Why national rivalries seem to have been strengthened under the globalization? The globalization, promoting market economy and competition/efficiency mind, brings various gaps and exclusion of weaker people both in international and domestic scene. In China, appeared huge gap between developed Coastal part and backward Interior part (the East-West problem) or the gap between the Rich and Poor, Urban and Rural area. This has brought social and political instability. That is why, the Hu Tao-jin regime launched in 2006-7 the policy of «Harmonious society». In Japan too, the gap between internationalizing Tokyo and other area, that of «multinationalizing» big firms and locally based middle/small enterprises have become enormous, which led to the recent defeat of the ruling coalition of LDP/Komeito in the Upper House election, held in September 2007.

If we analyze more carefully the recent rivalries among East Asian nations (China and Japan, Korea and Japan) seems to be rooted on this social instability due to the progress of globalization and the change of traditionally protectionist regime in these countries.

Now the problem is the following: if actually proposed regionalist scheme can appease these state rivalries or they rather tend to amplify them?

Unfortunately, the response seems to adhere in the latter, as it is already shown in the different interest in forming EAC and EAS.

In addition, actual regionalist schemes seem to have confirmed more economic concern than other concern: solidarity, good neighborhood, peaceful regional order, etc., since they do not touch on the major political issues of peace in the region.

There are two aspects of peace in East Asia: one is the remains of the Cold War, the problem of the division of nations. This is the problem of two Koreas in Korean Peninsula and of the rivalries between Taïwan and the Continent China. There is the problem of nuclear development in DPRK and militaristic tension in the Taiwan Strait.

However, the actual regional consultation in the form of EAC/EAS does not handle these problems which are directly linked to peace and security issues in the region. For Korean unification issue, perhaps, in the future, actual negotiation of six parties concerning abolition of nuclear development in North Korea should be evolved further to promote regional peace issues. As for, the tension across the Taïwan Strait, there is clearly rivalries between Beijing government and Taiwan, though the latter's investment in the Continent has tremendously been progressing in recent years. The tension is seen in the continuing fast expansion of military budget and deployment of missiles in the coastal area of China, as well as negotiation of purchase of most recent jet fighters by Taiwanese government from U.S.A. Here, regional talk of disarmament will be useful for every concerning party. A possible regional cooperation/integration body should cover not only constitution of a common market, but also promote talks on peaceful cooperation based on disarmament to further peace and security atmosphere in the region.

Another area concerning regional peace is related to various gaps progressing under globalization. These gaps can be further widened in the progress of regional free trade.

We will see this issue in the next section, as it is related to structural violence issue in the region.

Gaps and Peacelessness in East Asia

Asia has the reputation of being "high growth" area and rapidly industrializing and urbanizing area. Asian countries, starting from China, then Japan, Taiwan, Korea, have been accumulating enormous foreign exchange, accounting for eighty percent of total foreign exchange reserved in the world. In this sense, Asia is the richest region in the world.

However, in Asia, three quarter of the world poor population lives. Asia counts constant natural disasters and accounts for eighty percent of victims from natural disasters in the world between 2000-2006. This region is also constantly hit by various transmitted diseases, such as AIDS/HIV, SARS, bird flu, fish herpes, etc.

Another sign of the shadows of high economic growth is the deterioration of ecological system and environment. Deforestation, due to commercial crop development, denudes the primary forests in Southeast Asia. Desertification has been progressed stating from major deserts, Takramacan, Gobi, Ordo plateau, Rajastan and West Asia, The pollution of rivers and lakes, increasing difficulty of getting clean water for low income people, fast decrease of biodiversity, and sales of toxic food/toys in the market are all signs of environment problem based on the progress of profit-oriented market economy.

It is true that, in this region, various social and regional gaps are going on and generate deprived and underprivileged population who are vulnerable for disasters, ecological worsening and transmitted diseases.
We will see the example both in China and Japan.
China has been experiencing an economic growth rate of 7~8 % each year since the mid-1980s. This high economic growth has been led by high rate of export growth in the world market. However, the income gaps between the Coast and interior part has enormously been widened through economic growth. In 2005, the per capita income of Shanghai reached to 3,500 US$, while that in interior rural area remains one tenth of that level, the national average of 1,200US$ does not tell much on this huge discrepancy[5]. The prosperity of the coastal area has been supported by two factors: one is the capital inflowing from both abroad and domestic world; another is the labor power and natural resources coming from the interior. The advantage of coastal big cities is that of forming growth pole where various factors of production were concentrated. However, this export-oriented industrialization policy has caused huge discrepancy between big cities and rural area: in China, it is called "Three problems related to Agriculture, Rural Area and Farmers". These three factors, which can be the pillar of the national economy, were left behind the high economic growth and supported, on the contrary, this growth from the base, providing labor power and natural resources/raw materials to developing pole.

That is why, there are constant uprising of deprived farmers who protest against the «development policy» and related relocation and/or pollution issue. Thousands of uprising, protest, attacks of the local administration, accusation and denounce of corruption, monopoly and usurpation of common property are reported every year[6].
In urban area, where millions of people migrate each year, the discrimination, unfair treatment, violation of human rights including housing, education, labor and associational right, have become preponderant. That is why various NGOs started, in recent years, their activities of human right protection, legal help and information provision in urban area[7].

High growth China is not necessary socially stable China and that is why the Beijing government is obliged to launch a «Harmonious society» policy as we pointed out earlier.

---

[5] *China Statistical Yearbook 2006 edition.* The indication in Renmin yuan was converted to US dollar by the author.

[6] There are many testimonies related on peasant uprisings written by Chinese and translated abroad, including Chen Guidi and Wu Chuntao, *Chugoku Nomin Hokoku* (Report on China's Peasantry). published by Bungei Shunju, 2006 (English edition is published by Public Affairs, under the title of *Will the Boat Sink Water? The Life of China's Peasants,* 2006); Li Lianjiang and K.J. Oblien, *Rightful Resistance in Rural China,* Cambridge University Press, 2006.

[7] See Oji Hiroko, *A Study of Takung Mei's House" in Beijing and Its Role in Empowering Immigrant Female Workers* (written in Japanese), M.A. thesis submitted to Graduate School of Asia-Pacific Studies, Waseda University, February 2006.

However, the effects of that policy remain to be seen and should be confirmed by the facts.
The problems of social and regional gaps are also visible in Japan. This country had the reputation to be one of the most egalitarian societies, due to the economic and land reforms and recognition of democratic rights after WWII.
However, in recent years, the problems of the "gaps" have become widely spread all over the country.

First, the gaps are visible between rich people and ordinary people. GINI coefficient which has been long time around 34 has increased several percentage points in the years 2000 and becomes closer to the U.S. figure of 43[8]. Together with globalization and structural reforms, the income earners on property have increased rapidly their income investing their assets in bonds and stocks. Stock owners of growing firms connected with IT technologies and the world market have gained very much, while many wage earners could not expect increase of their salary/wage with productivity, as it was the common practice in the previous growth period. In particular, agricultural and rural populations were left behind with the progress of agricultural liberalization and inflow of agricultural products from abroad. Women, though their legal position was supported by Gender Equality Law, tend to be marginalized in the labor market, as the majority of contractual work and part-timer work are occupied by women. That is why, the income gap between men and women is 100 to 44 (UNDP, *Human Development Report*, 2008 edition), which decreased from the level of 56 in the high growth era. The age of globalization did not bring any progress to the majority of Japanese women. In a competition-oriented society, the sorts of aged people, disabled, indigenous and minority people are not stable, as they are facing fierce competition based on the efficiency criteria. There are problems of school bullying/violence and consequently there are thousands of youth who stay indoors in their teenage. These practices of social segregation are reflected in widening income and opportunity gaps between small number of elite people and the majority of populace.

Second, the gaps between internationalizing Tokyo and locality/countryside are widening. Tokyo, where many foreign capital and technology flew in with the globalization, shows constant development shown in increase of high rise buildings and redeveloped areas. On the contrary, in middle- and small-scale cities, the depression is very visible, as their central commercial area turns into shut down streets where many shops just closed their shutters due to the decrease of local purchasing power. In

---

[8] The Ministry of Welfare and Labor (Kosei Rodo Sho), *Kokumin Seikatsu Kiso Chosa* (The Basic Survey of Nation's Life), 2006 edition. The U.S. figure is quoted from the World Bank, *World Development Report* 2007-8 edition. Nihon Bengoshi Rengokai (Japan's Lawyers' Association) ed. (2007) summarizes well various arguments and data related to increasing economic and social gaps progressing in Japan in recent decades.

fact, many Japanese big firms just shifted their factories from Japanese localities to abroad, South East Asia or China. The localities are left behind. Actually, Tokyo's per capita is 36 % higher from the national average[9], however, the real gap, including living facilities and cultural conditions, must be much higher from this figure.

Facing these problems of social and regional gaps, in Japan too, various activities of NPOs/NGOs have been developing. They appear promoters of social inclusion, social enterprises, and new ventures emphasizing employment and human right concerns. There are examples of local cooperatives to set up wind power generation system and providing electricity both to their members and electric company (starting from Hokkaido, the movement was expanded to Aomori and Akita prefectures). In fact, since 1998, when the NPO law was in effect, in ten years the number of NPOs has increased rapidly and actually is counted as over 30,000. Among them, there are NGOs who are specialized in the help of foreigners who work legally or illegally in Japan and who are engaged in hard, dirty and dangerous (the 3K in Japanese) works. These NGO activities will be valuable to open Japan to the world and to realize more harmonious life between the Japanese and foreign residents in this country, which is precondition of the regional and domestic peace.

On the other hand, in rural area, one village one product movement has developed and entered in a new stage. Originally, this movement started in early 1980s to escape from rice monoculture protected by the government to diversify products and increase crops. From rice to fruits, vegetables, cattle breeding, members diversified considerably products. In the 1990s, when the Japanese economy was said to be stagnant, this promotion of local economy movement entered in the new phase where they increased value added by developing organic culture, transformation of raw materials to final and more refined products, and, using IT technology, started to direct sales and networking with urban consumers, providing to the latter an opportunity of home stay, enjoying home garden, ecotourism and beautiful environment, and encountering local events, curiosities and even local currencies. This is the endogenous development of local economy which does not rely any more on subsidies economy by the central government[10].

These are the examples of the pronouncement of civil society in the public scene and enlargement of a public sphere in Japanese context. In fact, their movement has promoted various structural reforms in recent years, including the Law of Regulation of Political Donation which emphasized political transparency, the Decentralization Laws, which endow local

---

9 Yano Kota Kinenkai ed. (2006), Data Demiru Kensei (Prefectural Development seen by Data), Published by the Editor.

10 Nishikawa (2004). For one village one product movement; there is quite a number of literatures. In recent years, this movement spread over in Asian countries, including Thailand, Laos, the Philippines, China and others countries.

government with more autonomy, Law of Recycling Society, which emphasizes reduce of wastes, and their reuse and recycle, etc.[11]
Now let us see, how this new move of local and civil society, which are keen to fill in gaps generated by market economy and globalization, promoting people's participation and democratization, can strengthen human right and peace on the regional scene.

Three Ways of Strengthening Regional Public Sphere in East Asia

Until today, the public sphere has been discussed mainly on domestic scene in relation to domestic and national governance. However, in the age of globalization, in both global and regional level, the interaction between the government/international/regional organizations, transnational corporations and civil society should become important as their relation might determine the degree of democratization in international and regional sphere. Already, since the decades, with the progress of industrialization and globalization, in the forums of the United Nations system, more and more global governance issues have been discussed. We see in this controversy, the civil society represented by international NGOs has become very positively involved (Nishikawa 2007B).
In the discussion on international conventions of human right, or on global warming, Global Millennium Goals, etc.; we know how actively international NGOs were involved and contributed to the positive outcome.
In the 2000s, a World Social Forum was constituted on the initiative of different NGOs/NPOs groups and started actively to advocate to global issues, including North-South relations, human right issues, regulation of transnational corporations, protection of environment, multicultural social relations, etc. They criticize the purely market-based relations and free trade concept. Thus they contribute to the constitution of a public sphere in international scene, thus democratizing remarkably the global governance, which has been dominated up to now by international governmental organizations (IGOs) and transnational corporations.

How about the regional scene? Unfortunately, in today's initiative of forming regional cooperation body in Asia (APEC, EAC, EAS, etc.), involvement of civil society is still very marginal. Only in ASEAN gatherings, civil society groups started to be more and more involved as advisory groups, observers, executers or contractors.
However, in East Asia, as we saw already, civil society organizations have become very active in recent years and started cooperation of their own across the borders.

---

[11] Nishikawa (2007A)

These activities include environment, human right (historical examination) and peace areas. We will see how regional cooperation has started in these areas among civil society groups of each country and what the perspective of forming regional governance is, from the point of view of their implications.

The environment area: today, as productive power increased tremendously, pollution transcends easily national borders and international cooperation is urged in Asia where pollution and environment degradation have become very serious with high economic growth in the region. Already, yellow sand dusts coming from China pollute heavily Korean and Japanese sky from March to May every year and the degree of dusts arrival as well as acid rain has been intensifying every year. The Meteorology Agency of Japan announced that, in 2006, over 120 days, the yellow dusts reached to Japan's sky and their amount reached to 15 tons per km2. The pollution in the Pohai-Yellow sea area has become also serious and Korean scientific organization started to conduct detailed survey. A Japanese NGO, Nihon Kankyo Kaigi JEC (Japan Environment Council) started to publish since 1998 a "White Paper on Asian Environment" (Nihon Kankyo Kaigi 1998~), in which JEC monitors pollution and deterioration of environment in Asian countries, country by country and on the regional scene. In 2006, a Japan NGO, the Institute of Information and Dissemination on East Asia Environment, published a report entitled: "Japan, Korea and China as Environmental Community" (2006). Based on such scientific survey, regional cooperation of environment protection and even revival should be promoted.

The area of human right is very promising area of regional cooperation. At the time of the 1993 U.N. Vienna conference on development and human right, there was arguments among Asian counties that, in Asia, there is an Asian type of human right, which emphasizes collective (or the state) right to development and that the right to autonomy and economic development precedes the civil and political right of freedom. However, after fourteen years from that controversy, it seems today that the majority of the regional members (except Myanmar where military government excludes all discussion concerning human right) accept the Vienna declaration which states clearly that all human rights are based on individual rights and freedom/civil rights and economic/social/cultural rights are inseparable (Kawamura 2007). Most of ASEAN countries and Korea have set up own human right commission and, in Japan, the setting up of human right commission has become the agenda of parliament. ASEAN itself decided to institute human right machinery in the coming months.

Therefore, in each country, civil society groups, in particular, human right related NGOs can strengthen its daily contact with the human right commission and advocate for the institution the regional liaison network of human right commissions and NGOs. Already in Japan, the Citizens Council

for Human Rights was formed in 2006 to advocate to the government to include views from various underprivileged social groups in the agenda of the coming Human Right Commission.
These activities of concerned NGOs in East Asia will strengthen considerably the regional governance on human right area and its monitoring ability of human right situation. It will, at the same time, contribute to make progress of democratization of regional governance in social development field.
In the human right related field, we have to note that, in the area of school textbook on history which has become crucial issue in Japan-China, Japan-Korea antipathy in recent years, there is initiative in the private field on the basis of NGO advocacy.

First, concerning the «comfort women» issues, in 2000, Japanese NGOs took initiative of holding an «International tribunal to judge war crimes committed against women» where over one thousand (in which foreign 8 country NGOs accounted for 40 % of participants) people gathered and judged responsibility of Japanese government in war sexual crime, that the latter has been denying, collected testimony of victims and recommended the state compensation for victims. The three large volumes of the records of the Tribunal constitute a monument of regional cooperation based on the proper survey of civil society on past crimes committed by the state (The International Tribunal to Judge War Crimes related to Women Committed by Japanese Army, *Records*, and Asia-Japan Women's Resource Center).

Second, in the area of school textbook of history, historians from Japan, Korea and China started to meet to discuss to write a common textbook based on mutual exchange of views on the past history. The product: "History to create the Future in East Asia" was published in 2005 in these three countries (in Japan, Kobunken Publishers, in Korea, Hangyore Newspaper, Inc., and in China by the Academy of Social Science)[12]. It will contribute undoubtedly to the deepening of mutual understanding among three nations in East Asia. In the future, it might include historians of Taiwan, where the revision of history has been rapidly progressed as democratization progresses.
These examples of joint partnership of civil society groups to revise their own history should contribute to the good basis for regional governance of cultural field.

Last, there is an area of regional peace and security. Until now, the security was the area where the state monopolized its administration. However, with the progress of globalization, more and more human security issues have been raised and international cooperation has become urged by international society. As we pointed out already, in Asia, human security

[12] The Committee to Write a Common History Textbook in Japan-China-Korea, *Mirai wo Hiraku Rekishi* (History to Create the Future in East Asia), Kobunken, 2005.

issues have become very crucial and cooperation of NGOs, local governments, ODA and business enterprises should be effective in tackling with huge regional problem of human insecurity.

As for peace and disarmament field, there is an initiative of the United Nations to promote the Global Partnership for the Prevention of Armed Conflicts: GPPAC. This initiative is being promoted in 15 regions in the world and, in North East Asia, since 2001, starting from the gathering of Korean and Japanese NGOs, China, Far East Russia, Taiwan, Mongolia and other nations' NGOs joined and they launched together GPPAC Process in North East Asia to urge denuclearization of the region.

In the future, GPPAC Process-NE Asia might coordinate their action with South East Asia-GPPAC Process organization where regional denuclearization was already realized, and to act, as strong lobby of civil society in the region, either on six party talks on Denuclearization of DPRK or on regional disarmament talks in the Geneva U.N Disarmament Commission.

As we have seen, there are strong move of NGOs/civil society in East Asia to promote cooperation between civil society groups and to advocate for efficient and democratic regional governance in the region. Here, the regional public sphere can be constituted on the basis of regional organizations, government, transnational enterprises, local firms and civil society organization, including media. In this last area, leading newspapers of the region started to exchange columns, commentary and other articles among themselves. This kind of exchange initiative of views will undoubtedly promote and deepen mutual understanding of the public across the borders. Also, a recent extension of Korean civil media, named "Oh My News", of their activities in Japan will be welcome to develop cultural civil governance in the region.

Conclusion

In a globalizing world, more and more regional cooperation schemes are proposed and materialized in the form of FTA/EPA. However, these trials of regionalist schemes have until now been based on market liberalization and economic concern. East Asia is not the exception.

This type of regional cooperation might aggravate human right violation and peacelessness situation already visible in this region, which has the reputation of high economic growth and prosperity.

In fact, in Asia, two types of unpeaceful situation exist: remaining Cold-war originated division of the state and nation, and the structural violence which has been aggravated through economic growth.

Asia, which has concentrated the majority of the world foreign exchange reserves, could not have succeeded in using effectively this tremendous wealth for the benefits of the peoples' lives both in the region and the world. This sad situation derives from the lack of imagination on the part of the governments and transnational corporations which took the initiative of regional free market formula in forming regional cooperation.

On the contrary, regional and social gaps have been widening through globalization, freer market, privatization and smaller government system. These gaps appeared in the form of social instability, environment deterioration and spiritual instability of people which led to national rivalries in the age of globalization.

However, in each country, the move of civil society to democratize politics and society is also going on. The civil society appeared as major actor for democratizing public sphere, strengthening advocacy both to government and transnational corporations. The democratization is accompanied by strengthening of human right which acts as good remedy for increasing structural violence under the globalization and regionalization.

The possible regional governance with participation of civil society can be drawn in Figure 2.

Figure 2 Regional Governance

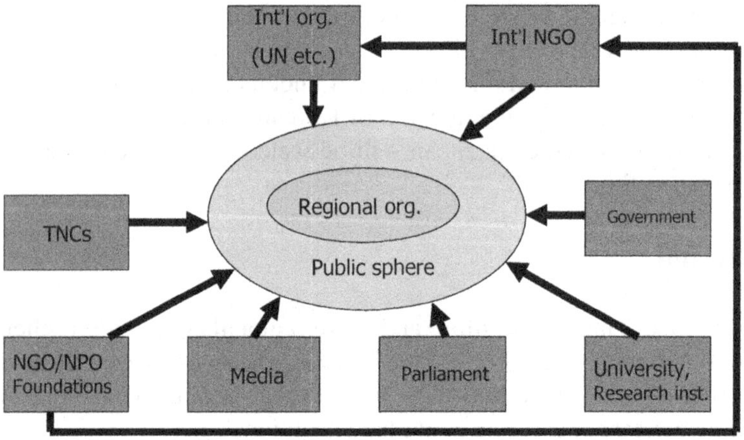

In this Figure, regional organizations can be formed by governments and how it can be developed by public sphere surrounding regional organizations. The governments often represented the interests of the Trans National Corporations (TNCs) originated or acting in the region, forming FTAs and capital liberalization area. International governmental organizations (IGOs) and NGOs can exercise pressure on the regional organizations. However, regional NGOs/NPOs, media, parliament, university and research institutions, and, in general, regional public opinion also advocate for democratizing behaviors of regional organizations. These are sources of public sphere on the regional scene, constituting factors for democratic regional governance.

How to democratize the regional and global governance? As we have seen here, the role of civil society is crucial. They have been appearing as strong actors for tackling with regional problems of structural violence and conflicts. In East Asian scene, they acted as networking force to survey environmental deterioration, to disclose officially hidden history of war crimes and oppression committed to weaker people, to promote strengthening human right issues and to advocate for regional nuclear disarmament.

These efforts of civil society will undoubtedly contribute to strengthen regional democratic governance, which is very crucial for realizing more humane like world in this materialistically-oriented part of the globe, namely East Asia.

Bibliography

GRAMSCI, A., 1975, *Prison Letters,* tr. and ed. by H.Henderson, Zwan Publishers London.

HERBERMAS, J., 1988, *The Structural Transformation of the Public Sphere*, tr. by Th. Barger, (German edition published in 1965), MIT Press, Cambridge.

KAWAMURA, A., 2007, "Jinken Regime no Keiseito Shimin Shakai" (The Formation of Human Right Regime and the Role of Civil Society in it in East Asia), in Nishikawa and Hirano (ed.), *International Migration and Social Change, Vol.* 3 of Higashi Azia Kyoudoutai no Kouchiku (The Construction of an East Asia Community) Iwanami Shoten Publishers, Tokyo.

NICCHUKAN SANGOKU REKISIH KYOZAI IINKAI (The Committee to Write a Common History Textbook in Japan-China-Korea), 2005, *Miraiwo Hiraku Rekishi* (The History to Create the Future in East Asia), Kobunken, Tokyo.

NIHON BENGOSHI RENGOKAI (Japan Federation of Lawyers), 2007, *Kensho Nihon no Hinkon to Kakusa Kakudai* (Examination of the Poverty and Economic/Social Gaps in Japan), Nihon Hyoronsha.

NIHON KANKYO KAIGI (Japan Council on Environment), 1998-2006, *Azia Kankyo Hakusho (*White Paper on Environment in Asian Countries), Toyo Keizai Shinposha.

NISHIKAWA, J. (2004), "Naihatsuteki Hatten-Riron to Seisaku" (Endogenous Development : Theory and Policy), in *Waseda Review of Political Science and Economics,* No.354, February.

NISHIKAWA, J. (2007A), "Shimin Shakai to Kokyo Kukan" (Civil Society and Public Sphere in Japan", in Nishikawa and Hsiao (ed.), Higashi Azia no Shimin Shakai to Minshuka (*Civil Society and Democratization in East Asia*), Akashi Shoten, Tokyo.

NISHIKAWA, J., 2007B, ed. Rentai Keizai (*Solidarity Economy*), Akashi Shoten, Tokyo.

NISHIKAWA, J., 2007C, "Peace and Public Sphere in East Asia" (in Japanese), in Nishikawa and Hirano (ed.), *International Migration and Social Change,* Vol. 3 of Higashi Azia Kyoudoutai no Kouchiku (The Construction of an East Asia Community) Iwanami Shoten Publishers, Tokyo.

HIGASHI AZIA KANKYO JYOUHOU DENSHUJO (Institute of Information and Dissemination on East Asia Environment), 2006, *Kankyo Kyodotai to shiteno Nicchukan* (Japan, Korea and China as Environmental Community), Shueisha

UNDP (2008), *Human Development Report*, Oxford University Press, Oxford & New York.

CCHRJ, (Citizen's Council for Human Rights Japan). http://www.geocities.jp/mkaw8/hrcc/

GPPAC, (Global Partnership for the Prevention of Armed Conflict). http://www.gppac.net/

Chapitre 3

LES ENJEUX DE L'INTEGRATION ECONOMIQUE
Une décennie après la crise financière

Yasuo INOUE

Un peu plus de dix ans après la crise financière de 1997-1998, l'environnement économique a changé de façon spectaculaire en Asie de l'Est.

Avant la crise, cette région avait accompli une longue période de croissance en bénéficiant du changement dû à la crise du fordisme dans les pays développés ; il faut indiquer que cette crise avait débuté pendant la seconde moitié des années 1970. Cette période avait surtout connu la délocalisation industrielle considérée comme facteur de croissance et tirée par les exportations (Inoue, 1994). La globalisation financière avait ensuite donné à cette région l'occasion d'avoir accès au financement nécessaire pour le redémarrage économique. La période de la fin des années soixante-dix contraste très fortement avec la période de la crise financière de 1997-1998. La crise financière de 1997-1998 a été la première crise importante de la région. Elle a d'abord été une crise partielle, se cantonnant au domaine de la finance ; elle s'est ensuite étendue à l'ensemble de la région, touchant les régimes politiques de certains pays. Il a fallu remettre en cause l'ensemble des mécanismes de régulation pour pouvoir arriver à une reprise économique. Or, on a parlé d'une reprise très rapide des pays de l'ASEAN. Il nous a fallu véritablement investiguer ce sujet pour savoir ce qu'a été cette reprise. Ce premier point est traité dans ce chapitre. Ensuite, a été mis en lumière le vrai sens de l'intégration économique menée par les réseaux d'entreprises multinationales ; en effet, l'intégration régionale s'est constituée de facto au niveau du commerce extérieur, des biens, des services et des capitaux. Cela ne veut pas dire pour autant que cette intégration régionale de facto s'est instaurée au niveau social, ou dans la vie quotidienne des citoyens (Inoue & Petit, 2004). Nous allons donc cerner ce qui est nécessaire pour passer à une intégration plus élaborée. Ceci nous amènera à réfléchir sur les perspectives d'une intégration régionale Est-asiatique.

L'étude est subdivisée en trois parties : tout d'abord, est présentée la section de la décennie après la crise asiatique et la formation de réseaux régionaux d'entreprises, en deuxième lieu nous verrons la croissance économique et la redistribution du revenu national, puis en troisième partie nous exposerons l'évolution de la classe moyenne en Asie.

Une décennie après la crise asiatique et la formation de réseaux régionaux d'entreprises

Crise et mécanismes des politiques de libéralisation économique

En 1997 la crise financière éclatait avec la chute soudaine du taux de change des monnaies en Asie de l'Est ; cette crise est devenue un grand facteur de perturbation entraînant les pays voisins dans un mécanisme de politique de libéralisation financière. Avant la crise, on avait plutôt tendance à souligner l'avantage de la libéralisation financière facilitant l'accès aux capitaux disponibles dans les pays développés. Mais, par la suite, c'est l'envers de médaille qui se produit, à savoir, une quantité importante de capitaux a quitté les marchés financiers émergents, ceci a été déclenché par l'annonce du retournement de la conjoncture à court terme.

De plus, une crise sociale s'est manifestée en Indonésie et dans le même temps celle-ci a altéré le régime politique. Ce régime autoritaire, en vue d'accélérer le développement économique, a été remis en cause par des forces sociales critiques. Mais malheureusement, cela n'avait pas favorisé la mise en place d'un régime politique plus stable, si l'on se place du point de vue de l'hégémonie politique (Inoue, 2000).

Suivant une manière de voir communément acceptée, la crise asiatique se limite au plan financier. Mais ses impacts ont affecté d'autres domaines importants et ainsi on peut dire qu'elle ne fut pas une simple crise financière. Il s'agit en fait de la remise en cause du mécanisme substantiel de la régulation de l'économie en Asie. On assiste au phénomène de surproduction dans certaines branches industrielles, surproduction déclenchée par le boom économique des années 1980. Autrement dit, certaines faiblesses de la croissance tirée par l'exportation devenaient visibles ; ainsi, on se trouvait pris dans l'anticipation d'une demande surestimée. Ceci était surtout manifeste dans les industries de montage du secteur manufacturier. Auparavant, cette anticipation de la demande effective en faveur de l'exportation était fondée, car elle était liée à l'investissement direct extérieur réalisé. Or, la configuration caractérisée par la croissance économique de longue durée a donné graduellement naissance à la formation de la bulle financière et à la spéculation sur les marchés financiers et de l'immobilier. Ainsi, la surchauffe financière allait à contre-courant du mouvement économique. Ceci était logique et prévisible. Cependant, il aurait été difficile de demander aux pays d'Asie de l'Est émergents de se préparer à des mesures préventives contre le retournement de la conjoncture. Ces pays étaient en effet dotés d'institutions assez rigides et ne disposaient pas d'assez de temps pour mettre en place des instruments de mesure de libéralisation économique et se prémunir contre l'instabilité du système d'économie de marché.

Depuis le début de la crise, les organismes internationaux, à commencer par le FMI et la Banque Mondiale, avaient proposé un certain nombre de diagnostics aux pays concernés. On sait que le « crony capitalism »[1] faisait l'objet de vives critiques dans la presse économique. Les diagnostics proposés avaient pour objectif de promouvoir la réforme des institutions pour la rendre plus transparente dans un système de marché. Ainsi, le marché aurait-il dû devenir plus rationnel mais aurait-il pu mettre fin au système du réseau personnel ?

Tout ceci doit supposer la préparation d'institutions adéquates. Il est à noter le fait que l'économie de marché des pays industrialisés a eu besoin de pas mal de temps pour mettre en place une politique d'institutionnalisation. Elle ne fut en aucune façon spontanée. Il faut signaler que la réforme institutionnelle ne suit pas un développement linéaire, comme le montre l'exemple de la « Corporate Governance » dans certains pays[2]. Cela nous amène à dire qu'il faudra prévoir des « institutionnalisations » à différents niveaux, à court, moyen et long terme. Les pays devront être respectivement évalués selon le temps de mise en place, du développement et de l'évolution des institutions (Inoue & Yamada, 2002).

La formation des réseaux régionaux d'entreprises

Un des facteurs déterminant de la formation du réseau de production industrielle des usines de montage du secteur manufacturier était sans doute la très forte réappréciation de la monnaie japonaise dans la seconde moitié des années 1980. Jusqu'à la seconde moitié des années 1990, la division internationale du travail (DIT) était constituée par la recomposition et la division de trois tâches : la R&D, la production de produits élaborés et la production de produits non sophistiqués réparties entre les pays de

---

[1] « Crony capitalism » se traduit par : le capitalisme de copinage.

[2] Par exemple, en Thaïlande, on a vu certaines entreprises s'engageant dans la réforme de la «Corporate Governance moderne» ne pas pouvoir réaliser pour autant une bonne performance par rapport aux entreprises plutôt traditionnelles et fondées sur un management familial fondateur, (Suehiro, 2002).

l'ASEAN, les NPI et le Japon. Après cela, la DIT devenait plus compliquée à établir avec la participation de la Chine. La compétitivité chinoise comptait en effet non seulement sur son faible coût de production, mais encore sur son savoir-faire technique et son système local d'accumulation du capital. Le phénomène bien connu des produits de grandes marques, copiés ou imités, était inconcevable sans une concurrence très serrée parmi les producteurs locaux. C'est dans ce contexte qu'au début des années 2000 les entreprises japonaises se sont engagées massivement sur le marché chinois. Leurs objectifs étaient doubles : profiter des bas coûts de main-d'œuvre mais aussi compter sur l'immense opportunité du marché chinois. Après cette période, on voit apparaître les deux évolutions suivantes : En premier lieu, la vague des investissements directs extérieurs en Chine se stabilise rapidement avec la montée du coût de main-d'œuvre sur la zone côtière. Ceci a redonné une certaine concurrence aux pays de l'ASEAN. Car après la période du démarrage industriel, il y a eu une certaine accumulation des savoir-faire techniques dans les pays de la région. Cette accumulation a été favorisée par des industries soutenant l'institutionnalisation d'un commerce plus libéralisé dans les pays de l'ASEAN. En second lieu, on voit les entreprises japonaises se relocaliser dans leur pays. Leur stratégie est de s'engager dans le développement des innovations sans précédent. Cette stratégie est liée à celle de la différenciation de la production : production standard à l'étranger et production sophistiquée au Japon. Elle constitue donc un contre-exemple à la désindustrialisation et par ce moyen arrive à maintenir une certaine compétitivité industrielle au Japon.

Avec cette nouvelle configuration, la DIT se développe de la manière suivante, prenons par exemple de l'industrie électrique. La production d'un bien électroménager de bas de gamme est concentrée en Thaïlande, ce qui est facilité par l'avantage des droits de douane dans les pays de l'ASEAN. En effet, en 2002, les entreprises japonaises produisaient 96 % des fours électroniques et notons qu'en 2003, 74 % des climatiseurs standardisés étaient produits en Thaïlande. Pour d'autres biens électroménagers, comme les réfrigérateurs et les machines à laver, plus de la moitié de la production est aussi effectuée en Thaïlande. Par contre les entreprises japonaises concentrent la production de téléviseurs à Singapour et en Malaisie. La Malaisie a mené, une politique de spécialisation notamment pour l'appareillage audiovisuel. C'est le plus grand pays producteur dans l'ASEAN pour la télévision en couleur et la stéréo pour automobile. Tout ceci a été facilité par des mesures d'incitation concernant l'exportation et l'importation (Hatsuoka, 1998). Par ailleurs, la Thaïlande est bien connue pour ces entreprises de montage automobiles ; mais elle est aussi un grand centre d'achat de pièces détachées. Pour renforcer cette direction, bien des constructeurs automobiles y installent leurs centres d'achat de pièces détachées, ainsi que leurs centres de R&D. La firme Toyota, après les Etats-Unis, a fondé un centre de recherche en Thaïlande. La progression de l'industrie de montage est devenue si importante en Thaïlande que les entreprises japonaises s'y fournissent ; la Thaïlande est le seul pays dans l'ASEAN où le taux d'achat de pièces détachées locales s'élève à plus 50 % (Malaisie 42,2 %, Indonésie 42,1 %, et Philippines 23,2 %). Et les constructeurs automobiles japonais encouragent l'établissement des firmes de pièces détachées en Thaïlande (JETRO, 2003-2006).

Ainsi le paysage du commerce extérieur se trouve véritablement modifié dans la région. Il a été nettement caractérisé par le commerce vertical entre l'amont et l'aval. Mais comme nous l'avons vu plus haut, le commerce devient de plus en plus horizontal pour la production de certains produits. Ce changement affecte aussi l'accroissement du commerce extérieur régional. Le taux de croissance de l'exportation régionale en Asie de l'Est (Japon, Chine, NPI, ASEAN) a été multiplié par 9,7 entre 1985 et 2004 ; Il a été multiplié par 5,0 pour l'U.E (à 15 pays). Par ailleurs, la part régionale dans l'exportation totale était de 36,5 % en 1985, de 49,2 % en 2004 pour l'Asie de l'Est, alors qu'elle baissait dans l'Union européenne, elle était de 59,2 % en 1985 et de 55,2 % en 2004.

La DIT change, ainsi auparavant elle était fondée sur la séparation des processus productifs au Japon et à l'étranger. Maintenant, il s'agit d'instaurer un système de production intégral qui s'effectue à l'étranger. En 2006 dans l'enquête menée par le ministère de l'économie et du commerce international (METI), plus de 70 % des entreprises japonaises souhaitaient organiser une stratégie de DIT horizontale. Ceci signifie bien la mise en place d'un réseau de production de pièces détachées dans la région.

Croissance économique et redistribution du revenu national

Dans la mesure où la DIT promue par le commerce intra-entreprise est à la base de la croissance soutenue de l'Asie de l'Est, on peut se demander comment cette croissance est distribuée dans la zone observée. Jusqu'à maintenant, ce thème a été discuté comme suit.

Tout d'abord, la stabilité politique a été privilégiée comme facteur indispensable à la croissance. Mais, la liberté politique, la pluralité des partis politiques et les syndicats de travailleurs ont été restreints soit, pour limiter les activités des forces critiques à l'égard du régime au pouvoir soit, pour attirer les investissements étrangers. La situation décrite est restée telle quelle jusqu'à la seconde moitié des années 1980 où a commencé le processus de démocratisation en Corée du Sud et à Taïwan. En Indonésie, le régime autoritaire pour développer le pays, a duré jusqu'à la crise financière asiatique et a déclenché un changement politique important. Dans ce régime, le consensus était fondé sur le compromis tacite entre croissance et acceptation du régime autoritaire. Ces régimes politiques avaient cependant pu réaliser un type de redistribution assez égalitaire en Asie de l'Est par rapport au pays latino-américain. Néanmoins, si on prend comme critère le coefficient de Gini, celui-ci est resté à un niveau assez faible en Asie de l'Est jusqu'aux années 1999 (Hatsuoka, 1998), (Yoshida, 2000).

Par rapport à cette situation marquée par des régimes autoritaires, la question qui se pose en 2006 est tout à fait nouvelle. Il s'agit d'un système de redistribution du revenu national liée à la sécurité sociale. Cette question se posait exactement de la même façon au moment de la crise en 1997-1998 (Teranishi, 2003). Les pays de l'Est-Asiatique n'étaient pas préparés à l'arrivée de cette crise importante tant ils étaient habitués au boom économique. Le choc du mécanisme de marché est devenu visible par l'aggravation du chômage. Il n'existait pas de système ni d'institutions capables d'amortir le choc. Concrètement, l'assurance chômage existe seulement au Japon (depuis 1947), en Corée du Sud (depuis 1995), en Chine, à Taïwan et en Thaïlande (depuis 1999). C'est donc au moment de la crise de 1997-1998 que la question de la mise en œuvre de la sécurité sociale se posa en Asie de l'Est.

Si la croissance économique a pour objectif d'élever le niveau de la vie des citoyens, on peut se poser aussi la question de savoir quelle est la redistribution du revenu national dans cette région. A première vue, la différence avec les pays développés est claire. Le rapport de la dépense sociale par rapport au PIB est de 3 % en Corée du Sud, de 5 % à Taïwan et est encore plus bas dans les pays de l'Asie de l'Est. On note aussi que le rapport de la dépense d'éducation/PIB est supérieur au rapport de la dépense sociale par rapport au PIB. Concernant la relation entre la dépense sociale (par rapport au PIB) et le PIB par tête, on peut différencier trois groupes de pays : l'Europe du Nord et l'Europe Continentale où le niveau de croissance et le niveau de redistribution sont élevés, les pays méditerranéens, la Corée du Sud, Taïwan où ces niveaux sont moyens, le Japon et l'Amérique de Nord où la dépense sociale est faible.

Tant qu'on reste à ce niveau d'analyse, on peut dire que le modèle de la sécurité sociale n'existe pas en Asie de l'Est. Cependant, il est clair que certains efforts réels en faveur de la mise en œuvre de la sécurité sociale en Asie de l'Est ont déjà commencé. Compte tenu du vieillissement de la population, les pays Est-Asiatique commencent petit à petit à réagir et se posent la question du poids de la fiscalité sociale.

Ainsi, on peut dire que la sécurité sociale, la pension vieillesse, de maladie, d'accident de travail sont institutionnalisées dans bien des pays, comme au Japon, en Chine, dans les NPI d'Asie et dans les pays de l'ASEAN. Dans les années de 1990, on a vu la mise en place du système universel de sécurité sociale en Corée du Sud et à Taïwan. D'autre part, alors qu'une pension nationale a été mise sur pied en Corée du Sud depuis 1988, mais elle reste cependant un point de discussion important à cause d'une part, de l'opposition politique et d'autre part, de la conjoncture économique (Kim, 2003). C'est pour cela qu'uniquement, la pension publique est institutionnalisée selon les catégories sociales, fonctionnaires, enseignants et militaires (Lin, 2003 et 2004).

Certes, un modèle Est-Asiatique de la sécurité sociale n'existe pas en tant que tel. Cependant, il faut noter le rôle important que joue l'Etat. Par exemple, il existe à Singapour un système de CPF (Central Provident Fund) qui est une sorte d'épargne obligatoire. Il a pour objectif de préparer la personne à surmonter des difficultés et d'aider celle-ci en cas de nécessité économique. Ainsi, la personne en difficulté reçoit un certain montant dans son compte individuel. C'est donc une sorte de sécurité sociale sans avoir pour effet une redistribution du revenu national. De plus, le CPF est aussi utilisable comme fonds d'investissement pour aider le financement de l'économie. On peut noter aussi que ce même type de fonds d'investissement sert en Corée du Sud depuis 2006 à alimenter la pension civile.

En partant de cette situation, la question se pose de savoir quel sera le modèle de sécurité sociale en Asie de l'Est (Osawa, 2004). Autrement dit, on peut se demander quel type de modèle économique sera possiblement organisé dans la région. Un scénario est proposé par les deux organismes internationaux mentionnés plus haut, à savoir, La Banque Mondiale et le FMI. Il s'agit donc de mettre en place des institutions de protection sociale qui soient financièrement neutres.

En introduisant ce système, il est possible d'éviter les effets néfastes du cycle infernal de la récession et du déficit budgétaire. Autrement dit, ce serait un minimum de sécurité sociale qui serait assurée à la population. Il est évident que ce modèle ressemble à celui des Etats-Unis. Il faut se demander si ce type de sécurité sociale peut être accepté par la population. Comme on l'a vu plus haut, des institutions qui existent en tant que telles ne se réduisent-elles pas au modèle anglo-saxon. Si la pyramide des âges permet, en 2006, de ne pas alourdir la situation financière en Asie de l'Est, on peut seulement espérer que la question de la sécurité sociale ira en s'améliorant. On peut aussi imaginer la stratégie offensive d'une sécurité sociale qui sera le résultat de la combinaison du facteur public et d'une certaine initiative privée pour éviter l'impasse de la gestion excessive par la centralisation étatique. Ce type de stratégie est en contraste avec le premier, caractérisé par le minimum social. Dans le second scénario il sera distingué le type de sécurité sociale pris en charge par la famille et celui pris en charge par l'entreprise. On voit l'exemple du Japon où la solidarité familiale est difficile à maintenir avec le vieillissement de la population. Tout cela montre la nécessité d'un ordre public pour construire un système de sécurité sociale au-delà d'une logique de groupe ou d'une organisation sociale (Uemura, 2004), Usami, 2001).

« Une classe moyenne » en croissance rapide

Quoique toujours minoritaire, une classe moyenne est en rapide augmentation en Asie et commence à se faire sentir dans le poids de la croissance économique (Hattori, 1998). On peut schématiser la formation de cette classe moyenne par le tableau suivant.

Tableau 3.1 : Formation de la classe moyenne en Asie

	1970	1980	1990	2000
NPI	début	croissance	élargissement	inégalités
Asean	-	début	croissance	élargissement
Chine	-	-	début	inégalités
Inde	-	-	début	inégalités

Source : Tableau établi par l'auteur.

Par exemple, 40 % de la population active possède ce qu'on peut appeler « la conscience de la classe moyenne ». Cette classe moyenne a un objectif commun, l'achat de biens de consommation durables, l'accès au logement individuel et un minimum ou même maximum d'éducation pour les enfants, car les parents ont longtemps épargné pour ces réalisations (Hattori, 2002). Cependant, on constate que la dite classe moyenne reste à un niveau faible en Thaïlande et Philippines par rapport à la Corée du Sud et à Taïwan. Dans l'ensemble de l'Asie de l'Est, la classe moyenne se concentre dans les régions urbaines et dans les professions spécialisées (finance, assurance, banque). Ces personnes admettent généralement l'existence de l'inégalité sociale et considèrent que la dégradation des inégalités sociales est inévitable dans le cadre d'une libre concurrence. C'est évidemment le principe du néolibéralisme qui l'emporte sur les moyens d'améliorer de niveau de vie de l'ensemble de la population.

L'enjeu est de savoir quelle sera l'attitude de la classe sociale à l'égard de la redistribution du revenu national. Il est évident que cela dépendra de la configuration des rapports de force entre chaque pays. Mais, plus la population où la couche sociale moyenne est nombreuse dans la société, plus il sera difficile d'avoir un consensus national. Cela montre une fois de plus la nécessité d'organiser la seconde stratégie à savoir, une stratégie sociale explicitée plus haut.

Conclusion : une intégration économique ouverte…

L'Asie de l'Est, habituée à une croissance soutenue pendant plus de vingt ans, s'est rendu compte de la fragilité d'un système d'économie de marché provoqué par la crise financière des années 1997-1998. Avec la conjoncture des dix années d'après cette crise, on s'aperçoit que la tâche de l'administration économique et sociale de chaque pays ne consistera pas à revenir au même rythme de croissance d'avant la crise, mais plutôt à adopter un objectif qualitativement différent (Ikeo, 2001). Il s'agit de remédier à divers problèmes sociaux, conséquences de la croissance rapide. Le grand problème est, de ce point de vue, l'opposition de la ville et de la campagne. Dans la plupart des pays, ce problème est d'une importance capitale et d'une grande urgence à traiter.

Bibliographies

BOYER, R. & YAMADA, T., 2000, edit., *Japanese Capitalism in Crisis, a regulationist approach,* Routledge, New York.
HATSUOKA, S. et al., 1998, *To the Social Justice in Asia*, Nippon Hyoronsha (in Japanese), Tokyo.
HATTORI, T. et al., 2002, The Emergence and Features of the Asian Middle Class, *Asia Keizai Kenkyujo* (in Japanese).
IKEO, K. et al., 2001, *Institutional and Comparative Analysis of the Japanese and Korean Economic System*, Nihon Keizai Shinbunsha (in Japanese)
INOUE, Y., 1994, "Trajectoires nationales d'industrialisation de la Corée du Sud et de Taïwan, *Japon in extenso*, no.32/33
INOUE, Y., 2000, "Beyond the East Asian economic crisis" in *Japanese Capitalism in Crisis*, edit. R. Boyer and T. Yamada, Routledge, New York.
INOUE, Y. et YAMADA, T., 2002, "Japan, demythologizing regulation "in Boyer & Saillard, Régulation Theory, Routledge, New York.
INOUE, Y. et PETIT, P, 2004, "Investissements directs étrangers et intégration régionale en Asie de l'Est ", *Japon in extenso.*
JETRO, 2003-2006, White Paper (in English), Tokyo.
KIM, C., 2003, "Formation of the welfare state in South Korea" (in Japanese), in Usami, K. 2003, Emerging Welfare States: A comparative Study of Asia and America, *Institute of Developing Economies* (in Japanese).
LIN, CHEN-WEI "Reorganized State and formation of emerging well-fare state in Taiwan", in Usami, K., 2003, Emerging Welfare States: A comparative Study of Asia and America, *Institute of Developing Economies* (in Japanese).
LIN, CHEN-WEI, 2004, "The Political process of the Social Security System in Taiwan and South Korea" in Osawa et al., *The Social Welfare Strategy in Asia*, Minerva shobo (in Japanese).
HATSUOKA, S.et al., 1998, *To the Social Justice in Asia*, Nippon Hyoronsha, (in Japanese)
HATTORI, T. et al., 2002, *The Emergence and Features of the Asian Middle Class*, Azia Keizai Kenkyujyo (in Japanese).
OSAWA, M. et al, 2004, *The Social Welfare Strategy in Asia*, Minerva shobo (in Japanese)
SUEHIRO, A., 2002, *Institutions Reform and Enterprises Restructuring in Thai*, Institute of Developing Economies, (in Japanese).
TERANISHI, J.,edit., 2003, *Social Safety Net in Asia*, Keisoshobo (in Japanese)
UEMURA, Y., 2004, "Welfare State in East Asia" in Osawa als, *The Social Welfare Strategy in Asia*, Minerva shobo (in Japanese)
USAMI, K., 2003, Emerging Welfare States: A comparative Study of Asia and America, *Institute of Developing Economies* (in Japanese).

WORLD BANK, 2001, *Social Protection Sector Strategy: From Safety Net to Springboard*, Washington.
WORLD BANK, 1998, *East Asia, road to recovery,* Washington.
YOSHIDA, K., 2000, *The Development Authoritarism and Democracy in Asia*, Nihonhyoronsha (in Japanese), Tokyo.

Chapitre 4

MIGRATIONS INTERNATIONALES DES TRAVAILLEURS

Hiromasa SUZUKI

Comme en Europe, les migrations internationales en Asie ont connu des mouvements d'oscillation de fluctuations à la hausse ou à la baisse, suivant les périodes et suivant les pays. Dans un passé lointain, la formation des diasporas chinoises à Singapour, Hong-Kong et Taïwan témoignait de la tradition de mobilité des travailleurs asiatiques ; il est vrai que la notion de frontières nationales n'était pas aussi claire aujourd'hui. Au cours de la période moderne à laquelle nous nous intéressons, de 1980 à 2006, on peut noter également des hausses et des baisses dans les flux de migration des travailleurs.

On peut distinguer trois directions de flux migratoires concernant l'Asie de l'Est dans les années quatre-vingt. D'abord, un flux vers les pays du Moyen-Orient producteurs de pétrole. Cette migration temporaire concernait surtout les Indiens, les Pakistanais, les Bangladeshi, les Philippins et, dans une moindre mesure, les Thaïs et les Malais. Toutefois, ce flux a été brutalement stoppé par la guerre du Golfe, en ce qui concerne les pays de l'Asie de l'Est. Le deuxième flux d'émigration est constitué par l'émigration vers les pays industrialisés comme les Etats-Unis et l'Europe. Ce flux est chronique et larvé. En raison de la politique d'immigration de ces pays, il est constitué de travailleurs qualifiés ou d'étudiants qui trouvent un emploi en Amérique. Enfin, le troisième flux est une migration de proximité à l'intérieur des pays de l'Asie de l'Est. Du point de vue du nombre de personnes concernées, cette migration est importante, souvent sous la forme de travailleurs clandestins (Indonésiens en Malaisie, ou récemment Birmans en Thaïlande).

On pourrait sans doute qualifier cette migration de « naturelle » puisqu'il s'agit d'une infiltration non contrôlée, pour la plupart, de travailleurs agricoles.

Néanmoins, une vue d'ensemble du flux migratoire en Asie de l'Est au cours des dernières années montre un volume très limité, même si les données statistiques s'y rapportant sont fragmentaires. En fait, à part les Philippines, très peu de pays procurent des travailleurs migratoires au sein ou à l'extérieur de la région. Il semble donc que la période faste des migrations se soit terminée vers les années 1980 et qu'il y ait maintenant un arrêt relatif des mouvements migratoires, du moins quantitativement.

On peut en chercher les raisons dans différentes directions : par exemple, le développement spectaculaire des pays asiatiques comme la Chine et la Thaïlande ou des contrôles d'immigration plus stricts ont été mis en place et encore dans certains pays, comme le Japon, où les contrôles d'immigrations sont respectés. Mais nous sommes plutôt d'avis qu'en fait, le développement de la technologie et des moyens de transports et communication facilitent la mobilité des facteurs de production et se limitent de plus en plus au capital au détriment du travail. Notre intuition est que les entreprises se déplacent là où il y a de la main-d'œuvre et un marché, au lieu de chercher comme auparavant dans les années 1960-1970, des travailleurs immigrés à bon compte dans les pays industrialisés. On recherchera cette logique dans une étude de cas d'une entreprise japonaise de machines de précision.

Ce chapitre est structuré de la manière suivante : en première partie un examen des migrations des travailleurs en Asie de l'Est est présenté en s'appuyant sur des données quantitatives. En deuxième partie la logique de délocalisation sera prise en compte notamment pour le transfert du savoir-faire et des ressources humaines. Ainsi, la logique de délocalisation des usines dans un pays tiers est aujourd'hui beaucoup plus puissante que la simple recherche du moindre coût par l'introduction de travailleurs étrangers sans réelle qualification professionnelle.

Les flux de migrations des travailleurs dans les pays d'Asie de l'Est

Comparés à l'Europe (Union européenne), les pays de l'Asie de l'Est (Chine, Corée du Sud, Japon) et les pays ASEAN se caractérisent par la diversité de la taille des pays et de leur niveau de développement économique. A côté du géant chinois, on peut mentionner des pays-cités comme Singapour ou des pays peu peuplés et en développement comme le Laos ou le Cambodge. Du point de vue du développement économique, le PIB du Japon, de la Corée du Sud, de Singapour, Hong Kong et Taïwan dépassait les 10 000 dollars en 2003. Par ailleurs, un certain nombre de pays ASEAN comme l'Indonésie, les Philippines, le Vietnam ou le Cambodge n'atteignaient pas le seuil des 1 000 dollars de PIB pour la même année.

Cependant, la Chine a dépassé le seuil des 1 000 dollars en 2003 d'après le FMI.
A la différence de l'Union européenne, les pays asiatiques sont loin de former un bloc communautaire. Seuls les pays ASEAN se lancent vers la constitution d'une sphère économique au sens large.

Quant aux flux de migration des travailleurs asiatiques, on peut discerner trois catégories : d'abord l'émigration temporaire vers les pays du Moyen-Orient dans les années quatre-vingt. Grâce au boom de la construction dans ces pays, la promesse de hauts salaires a attiré non seulement les travailleurs des pays géographiquement proches comme l'Egypte, le Pakistan ou l'Inde, mais aussi les ressortissants des pays de l'Asie de l'Est. Ainsi, en 1987, l'estimation du BIT chiffrait le nombre des Philippins à 307 000, des Thaïlandais à 75 000 et des Indonésiens à 42 000 (1986). Toutefois, ce flux de migration s'est arrêté rapidement au moment de la guerre du Golfe et la région n'attire plus désormais que relativement peu de travailleurs asiatiques (de l'Est).
Le deuxième flux est constitué par l'émigration vers les pays industrialisés. Il s'agit surtout de ressortissants des Philippines et de la Chine. (Adams, 2003) estime que le nombre d'immigrés (25 ans et plus) séjournant dans les pays de l'OCDE en provenance des Philippines s'élevait à 1 163 555 et en provenance de Chine à 836 780 pour l'année 2003. La majorité de ces immigrés philippins et chinois possèdent un diplôme d'enseignement supérieur.
Assez révélatrice de cette orientation est la migration des infirmiers philippins. En 2001, au total plus de 13 000 personnes ont émigré à l'étranger, dont 5 083 en Arabie Saoudite, 6 949 vers le Royaume-Uni et seulement 367 vers les Etats-Unis. Cependant, vu sous l'angle des chiffres de l'émigration cumulée (émigration permanente), les Etats-Unis viennent de loin en tête avec 11 511 personnes. En fait, la plupart des pays industrialisés ayant quasiment fermé leurs portes aux migrations de non professionnels, la seule possibilité pour les ressortissants de ces pays est les Etats-Unis.
Une autre voie d'accès consiste à aller faire des études universitaires à l'étranger (Tableau 4.1). Dans la mesure où la disparité de salaire est énorme, on se trouve face à un problème ancien connu sous le vocable de « brain drain », la fuite des cerveaux. Comme le montre le tableau 4.2, les grands pays comme les Etats-Unis, le Royaume-Uni, l'Allemagne et la France attirent un grand nombre d'étudiants étrangers ou « internationaux ». C'est dans ces trois pays (à l'exception de l'Allemagne) que l'apport du niveau d'enseignement des résidents nés à l'étranger est le plus substantiel.

Tableau 4.1: Nombre total cumulé d'étudiants étrangers en troisième cycle par pays (1998-2003). Unité : Nombre de personnes

	Indice du nombre total cumulé d'étudiants étrangers en troisième cycle			Nombre total d'étudiants étrangers
	1998	2001	2003	2003
New Zealand	100	187	446	26 400
Korea	100	152	309	7 800
Czech Republic	100	190	306	12 500
Iceland	100	217	299	600
Japan	100	178	242	86 500
Sweden	100	209	203	25 500
Spain	100	138	185	53 600
Hungary	100	169	184	12 200
Australia	100	111	172	188 200
Finland	100	145	170	7 400
Denmark	100	114	164	18 100
Italy	100	126	156	36 100
Netherlands	100	122	151	20 500
France	100	100	150	221 600
Ireland	100	119	148	10 200
Norway	100	153	142	8 200
Germany	100	116	141	240 600
Poland	100	122	140	7 600
Portugal	100	-	139	15 500
United States	100	110	136	586 300
Switzerland	100	114	135	32 800
United Kingdom	100	108	122	255 200
Belgium	100	106	116	41 900
Austria	100	111	109	31 100
Slovak Republic	100	106	103	1 700
Turkey	100	89	84	15 700
Mexico	100	85	83	1 900
Luxembourg	100	-	-	700
Canada	100	-	122	40 000
Greece	100	-	-	12 500
Total pays	**100**	**114**	**145**	**1 976 400**

Source : OECD, 1999-2004, Education Database.

Tableau 4.2: Foreign-born persons with tertiary attainment in OECD countries, circa 2000, as a percentage of all residents

	Immigrants from other OECD countries	Emigrants to other OECD countries	Net migration within the OECD zone	Immigrants from the rest of the world	Total "net" foreign-born persons with tertiary attainment
	A	B	A-B	C	A-B+C
	As a per cent all residents with tertiary attainment				
Australia	16.8	2.4	14.4	12.1	26.5
Austria	9.1	13.8	-4.7	5.2	0.5
Belgium	5.9	6.4	-0.5	4.2	3.7
Canada	10.3	5.4	4.9	15.5	20.4
Czech Rep.	4.1	8.7	-4.5	2.2	-2.3
Denmark	4.4	7.3	-2.9	3.2	0.3
Finland	0.9	6.8	-5.9	1.3	-4.6
France	4.2	4.4	-0.2	8.2	8.0
Germany	2.7	8.9	-6.2	2.3	-3.9
Greece	4.8	9.4	-4.6	7.3	2.7
Hungary	1.4	9.7	-8.3	4.5	-3.8
Ireland	14.0	26.1	-12.1	4.0	-8.1
Italy	2.8	7.3	-4.5	3.3	-1.2
Japan	0.2	1.1	-0.9	0.5	-0.4
Korea	0.2	1.4	-1.2	0.2	-1.0
Luxembourg	43.1	15.4	27.7	5.8	33.5
Mexico	0.8	6.9	-6.1	0.5	-5.6
Netherlands	3.3	8.9	-5.6	4.4	-1.2
New Zealand	14.6	24.4	-9.8	10.0	0.2
Norway	5.2	4.9	0.3	3.0	3.2
Poland	0.4	10.2	-9.8	2.3	-7.6
Portugal	4.1	11.2	-7.0	11.2	4.1
Slovak Rep.	3.3	16.0	-12.8	0.9	-11.9
Spain	2.7	2.3	0.5	3.8	4.2
Sweden	6.9	5.4	1.5	7.3	8.8
Switzerland	20.0	10.8	9.1	7.3	16.4
Turkey	3.4	4.9	-1.5	2.7	1.2
United K.	6.5	14.9	-8.4	9.4	1.0
United States	4.2	0.7	3.5	9.2	12.7
Average	6.9	8.8	-1.9	5.2	3.3
OECD zone	**4.0**	**4.0**	-	**6.0**	**6.0**

Notes: Data are largely from the 2000 round of population censuses in OECD countries. Tertiary attainment is classified according to the International Standard Classification of Education (ISCED). The education in question may not have been received in the origin country. "Net" appears in quotes in the fifth column heading because emigration to non-OECD countries is not included. This would have required collecting census data from these countries. For more details, see "Counting Immigrants and Expatriates in OECD countries: a new perspective" in"Trends in International Migration, 2004".

De toute manière, le flux de migration des travailleurs asiatiques vers les pays de l'OCDE est aujourd'hui limité à des travailleurs qualifiés.
Le troisième flux est constitué par l'effet de proximité, et donc pourrait être qualifié de traditionnel. Par exemple, Singapour attire beaucoup de travailleurs étrangers (27,3 % de la population active), managers, ouvriers ou femmes de ménage (Philippines ou Thaïlandaises). Citons un autre exemple, celui des travailleurs agricoles indonésiens travaillant en Malaisie. Dans ce flux traditionnel, c'est sans doute le niveau de développement (ou haut salaire) qui est déterminant. Ainsi, la Thaïlande, qui comptait jadis beaucoup de travailleurs émigrés, reçoit un grand nombre de travailleurs birmans (souvent illégalement).
Ce flux traditionnel, qui concerne surtout les travailleurs faiblement qualifiés, oscille au gré des circonstances mais il n'y a pas d'indication de croissance dans les années récentes.

Les données statistiques concernant les travailleurs migrants sont difficiles à obtenir, à part pour les Philippines, le Japon et la Corée du Sud. Les tableaux 4.3 et 4.4 résument quelques données disparates. Parmi les pays qui envoient ses travailleurs à l'étranger, c'est sans doute pour les Philippines que c'est le plus systématique et qu'ils sont le plus nombreux. Toute migration à l'étranger passe par l'administration (Philippine Overseas Employment Administration). Reflétant le malaise économique du pays, les travailleurs philippins cherchent du travail là où ils le trouvent.
On estime qu'aujourd'hui un Philippin sur dix travaille à l'extérieur du pays. Les revenus envoyés par les émigrés philippins ont été estimés à 7 milliards de dollars, soit 40 % du total des exportations de commodités en 1999. En ce qui concerne la Thaïlande, pays connaissant une croissance rapide, le nombre de travailleurs thaïlandais à l'étranger semble s'être stabilisé récemment.
Ce rapide survol serait évidemment incomplet si l'on ne se référait pas aux deux pays importants que sont la Chine et le Japon. La Chine, avec son réservoir de main-d'œuvre quasiment illimité, a en point de mire des pays à haut niveau de salaires, dont le Japon. Néanmoins, en réalité ces peurs ne se sont pas concrétisées. D'abord, la Chine – notamment les zones côtières – a connu une rapide croissance économique fondée sur les investissements directs étrangers (surtout à partir des années 1990), qui a créé sans cesse des emplois. De plus, les autorités ont conçu un contrôle d'état civil (urbain et

rural) comme moyen de réglementer les migrations internes. Autrement dit, les plus démunis ne peuvent pas quitter les régions rurales. De sorte que les autorités chinoises ont réussi à contrôler les migrations internationales. Des filières clandestines de « marchands de main-d'œuvre » existent mais les bévues ont été somme toute limitées.

Enfin, en ce qui concerne le Japon, la politique du gouvernement n'a pas beaucoup varié. Il n'admet pas les travailleurs peu qualifiés, tout en relaxant les conditions d'obtention d'un visa pour les autres catégories (professionnels, étudiants, conjoints de Japonais, etc.). Dans les années 1990, il y a eu deux brèches dans le système. D'abord, on a autorisé presque fortuitement l'entrée de Japonais émigrés de deuxième ou troisième génération, principalement établis dans les pays d'Amérique du Sud (Brésil, Pérou, Bolivie, etc.). Or, le nombre de ces descendants d'origine japonaise est important. Par exemple, le nombre de Brésiliens enregistrés en 2002 était de plus de 260 000 et les Péruviens comptaient plus de 50 000 personnes. Comme ces travailleurs ne sont sujets à aucune restriction quant au travail exigé par l'entreprise, ils constituent une source de main-d'œuvre précieuse pour les industries manufacturières.

La deuxième brèche est la formation technique pour les étrangers. C'est un système de compromis entre le stage de formation et le travail. Au départ (en 1991), il s'agissait de neuf mois de stage et d'un an et trois mois de travail sur place. Maintenant, la durée maximale est de trois ans au total. Le stage étant effectué dans de petites entreprises manquant de main-d'œuvre, ce stage est vite devenu une source de main-d'œuvre bon marché. Ces "stagiaires-travailleurs", en majorité chinois, sont en augmentation. En 2003, on comptait plus de 50 000 stagiaires techniques. Il semble bien que le gouvernement soit maintenant pressé par les milieux patronaux de prolonger la durée du séjour maximum autorisé.

Tableau 4 .3: International Migration of Asian countries (Trends of receiving countries)

Number of foreign workers (person)

	1992	1993	1994	1995	1996	1997	1998	1999	2000
Japan	581,393	611,384	615,105	605,412	631,182	662,864	668,525	668,181	709,240
Indonesia		37,816	41,422	57,159	37,592	37,192	35,061		
Korea	73,868	66,919	81,824	128,906	210,494	245,399	157,689	217,384	285,506
Singapore	287,700	308,500	346,600	384,800	454,200	506,600		530,000	612,233
Thailand			179,559	192,870	316,174	164,313	116,657	102,767	102,025
China						94,400			
Philippines	2,144	2,451	3,094	3,701	4,333	6,055	5,335	5,956	5,576
Hong Kong			23,939	32,244	20,066	24,320	19,210	15,508	20,114
Malaysia		532,723	642,057	726,689	745,239	1,471,645	1,127,652	818,677	799,685

Percentage of foreign workers(%)

	1992	1993	1994	1995	1996	1997	1998	1999	2000
Japan	0.9	0.9	0.9	0.9	0.9	1.0	1.0	1.0	1.1
Indonesia		0.0	0.0	0.1	0.0	0.0	0.0		
Korea	0.4	0.3	0.4	0.6	0.9	1.1	0.7	0.9	
Singapore	17.8	18.6	20.3	21.9	24.9	27.0		27.3	
Thailand			0.5		0.9	0.5	0.3	0.3	
China						0.0			
Philippines		0.0	0.0	0.0	0.0	0.0	0.0	0.0	
Hong Kong			0.8	1.0	0.6	0.7	0.6	0.4	
Malaysia		6.9	8.0	8.8	8.8	16.8	12.5	8.8	

Sources : OECD employment outlook 1994-2001.

Notes : As the definition of "foreign worker" differs according to countries, there are difficulties in comparison

Tableau 4.4: International Migration of Asian countries (Trends of sending countries)

Number of workers going abroad (person)

	1990	1991	1992	1993	1994	1995	1996	1997	1998	1999	2000
Indonesia				166,244	177,346	120,603	220,162	502,977	380,173		
Thailand	63,024	63,849	81,718	137,950	169,764	202,296	185,436	183,671	191,735	202,416	193,041
Philippines	334,843	489,260	549,655	550,872	565,226	488,621	484,653	559,227	638,343	640,331	643,304
Vietnam	-	-	816	3,976	9,234	10,050	12,661	18,278	8,900	-	-

Percentage of workers going abroad to the total workforce (%)

	1990	1991	1992	1993	1994	1995	1996	1997	1998	1999	2000
Indonesia	-	-	-	0.2	0.2	0.1	0.2	0.5	0.4	-	-
Thailand	0.3	0.3	0.2	0.4	0.5	0.6	0.5	0.5	0.5	0.6	-
Philippines	1.1	1.5	2.1	2.1	2.1	1.7	1.7	1.9	2.1	2.1	-
Vietnam	-	-	0.0	0.0	0.0	0.0	0.0	0.0	0.0	-	-

Sources: World Bank, 2001, World Development Indicators.

La logique de délocalisation et transfert du savoir-faire : cas d'une entreprise japonaise de machine de précision

Dans la recherche des avantages compétitifs et des bénéfices, les entreprises cherchent toujours à minimiser les coûts de production, notamment le coût de la main-d'œuvre (coût souvent compressible), tout en s'efforçant de lancer de nouveaux produits. Les entreprises japonaises de produits à forte intensité de travail, des produits d'habillement aux produits plastiques, ont commencé à délocaliser leurs usines en Chine dès le début de 1990. Certaines marques de vêtements sport comme UNIQLO ont littéralement cassé les prix (de 1 à 10 par rapport aux grands magasins japonais pour une chemise de sport ordinaire). Puis, ce fut la ruée vers la Chine, non seulement pour les produits simples à manufacturer, mais également pour l'appareillage électrique et les produits électroniques.
Mais les entreprises japonaises ne furent pas les premières à investir Chine. Les capitaux de Hong Kong, Taïwan et des Etats-Unis les avaient précédés en ce qui concerne la délocalisation des usines en Chine.

A la fin du XXe siècle, la Chine, avec ses zones de développement côtières, est devenue « l'usine du monde ». Souvent à tort, on attribue le succès de la Chine au bas niveau des salaires. La réalité est probablement plus complexe. Si, au départ, la main-d'œuvre bon marché a attiré les entreprises de produits de faible technologie, le plus remarquable est la métamorphose, ou une évolution rapide vers des gammes de produits plus élaborés en un temps record. La Chine, du moins dans les zones industrialisées, a fait un saut de dix ans en développement technologique pour être en position d'atteindre le niveau des autres pays voisins comme le Japon et la Corée du Sud, qui eux-mêmes, avaient mis plus de trente ans pour parvenir à ce stade. Ainsi, la Chine a su créer une infrastructure industrielle très moderne en peu de temps (transports, communications, ressources humaines, relaxation du contrôle des joint-ventures, etc.).

Cette rapide transformation de la Chine a sans doute eu un impact immense sur l'idée que les Japonais se font des migrations internationales. En 1990, au moment où le débat sur la relaxation des travailleurs étrangers faisait rage au Japon, la crainte principale du gouvernement était surtout l'entrée massive de travailleurs chinois au Japon. Mais dix ans plus tard, cette crainte est complètement tombée et est remplacée par la logique de délocalisation des sites de production vers la Chine. Au lieu de chercher à introduire la main-d'œuvre bon marché (de toute façon, le gouvernement continue de s'opposer à l'ouverture du marché du travail aux travailleurs peu qualifiés), les entreprises vont créer des usines en Chine pour certains produits ou processus de production (montage, etc.). Avec la création des usines, ce sont plutôt les cadres et les ingénieurs japonais, coréens ou américains qui se déplacent temporairement vers la Chine. Comme on l'a vu dans la première partie, les travailleurs qualifiés et les professionnels deviennent beaucoup plus mobiles par rapport aux travailleurs faiblement qualifiés.

Nous allons illustrer cette logique de délocalisation à l'aide du cas d'une entreprise de machines de précision japonaise.
Il s'agit d'une grande entreprise spécialisée dans les roulements à billes. Elle a été fondée en 1916 et emploie environ 8 000 personnes au Japon et 14 000 dans ses usines à l'étranger. Le chiffre d'affaires a atteint 628 milliards de yens en 2005 (4,2 milliards d'euros). Elle ne fait pas partie de groupes Zaibatsu ni de fabricants d'automobiles. Ses produits couvrent les roulements à billes de toutes sortes pour les différentes industries (électriques, automobiles, etc.) jusqu'aux produits de précision pour les automobiles (transmission automatique). Parmi ses principaux clients, elle compte Toyota, Honda, Nissan, Bosch, etc.)
A l'intérieur du Japon, cette entreprise possède une douzaine d'usines concentrées dans la région de Tokyo et de Kyoto. Les trois usines principales, chacune spécialisée dans une gamme de produits déterminée, emploient environ 1 000 personnes chacune.
Ces trois usines jouent le rôle d'"usine-mère" pour les usines à l'étranger. Cette entreprise peu connue du grand public est peut-être une des entreprises les plus mondialisées au Japon.

Les différentes étapes de la mondialisation de cette entreprise sont résumées dans les tableaux 4.5 et 4.6. Dans les années 1970, elle crée des usines au Brésil (1970), aux Etats-Unis (1973), au Royaume-Uni (1974), à Singapour (1975) et au Canada (1977). Il est remarquable que cette extension de la production « off-shore » précède le mouvement de Honda, le fabricant de voitures le plus internationalisé (Honda s'est installée aux Etats-Unis, dans l'Etat de l'Ohio, en 1978 et Toyota dans le Kentucky en 1986).
De fait, cette entreprise de roulements à bille s'est implantée à l'étranger avant les importants clients et usines de montage que sont les fabricants d'appareils électriques et surtout les usines automobiles.
Les roulements à billes sont des produits anciens, utilisés dans pratiquement toutes les machines, quelle que soit leur taille. Leur fabrication exige néanmoins énormément de savoir-faire pratique, car beaucoup de produits sont destinés à des clients spécifiques pour des spécifications précises. En général, les gros clients des usines à l'étranger sont les producteurs japonais (électriques, automobile), très soucieux de la qualité des produits. D'ailleurs, c'est la raison pour laquelle les gros producteurs utilisent les produits qui sortent de cette entreprise.

En ce qui concerne les usines en Chine, l'essor date de quelques années seulement. En effet, les joint-ventures qui ont été créées en 1995 et elles étaient de taille relativement modeste (plusieurs centaines d'ouvriers). Elles fournissaient surtout les usines d'appareils électriques japonaises. Or, à l'orée du XXIème siècle, petit à petit, les grands fabricants japonais (Nissan, Honda, Toyota) s'installent en Chine (Shanghai, Guangdong). C'est pour fournir ces gros clients que l'usine près de Shanghai a été largement agrandie.

En août 2006, elle employait déjà plus de 1 300 personnes, dont une dizaine d'expatriés japonais. Plusieurs cadres supérieurs sont Chinois et ont effectué une partie de leurs études postuniversitaires au Japon.
Bien entendu, la plupart des techniciens et cadres ont été envoyés à "l'usine-mère" pour y recevoir une formation.

Le même type de scénario se répète à partir de l'année 2000 en Thaïlande, qui devient un centre régional « le Detroit de l'Asie de l'Est » pour la fabrication de voitures, car Toyota a décidé de créer une troisième usine importante en Thaïlande.
Ainsi, c'est la proximité avec les clients (ou les marchés) qui détermine le choix fondamental de la délocalisation. Il semble bien, en l'occurrence, que la considération du coût de production, et notamment la compression du coût de la main-d'œuvre à bas salaires, ne joue qu'un rôle secondaire dans ces choix.

Tableau 4.5: Chronology of Globalization (major steps)

1916	The firm is founded
1962	Open a subsidiary in New Jersey
1963	Open a subsidiary in U.K. and Germany
1970	New plant in Brazil
1973	Joint venture in Michigan (U.S.A.)
1975	Joint venture in Singapore
1977	Open a subsidiary in Toronto (Canada)
1987	Joint venture in Iowa (U.S.A.) Joint venture in Bangkok (Thailand) Joint venture in Korea
1989	Joint venture in Taiwan
1990	Extension of the U.K. plant
1993	New firm in Malaysia
1995	Beginning of operations in China
1997	Joint venture in India
1998	Acquisition of a large plant in Poland
2003	Extension and creation of new plants and offices in China

Source : Compilation constituée par l'auteur, 2006.

Tableau 4.6: Mother plant A and supporting overseas plants

	America	E.U.	Asia
1970s	Brazil Michigan U.S.A.	U.K.	Korea
1980s	Extension Brazil	U.K.	
1990s	Extension U.S.A. (Transmission)		Indonesia Malaysia China
2000s		Poland (mainly mother plant B)	Thai China

Source : Compilation réalisée par l'auteur.

Conclusion

Dans les faits, on peut noter que les migrations internationales sont en perte de vitesse quant au nombre de personnes concernées. C'est seulement dans la catégorie des travailleurs hautement qualifiés que l'augmentation du flux est perceptible. Ce phénomène est lié, à notre avis, d'une part, à la politique de contrôle de l'immigration que les pays d'Asie ont mise en place et, d'autre part, à la logique de délocalisation des sites de production.

En effet, la plupart des pays asiatiques, comme les pays européens, ne donnent un permis de travail qu'aux travailleurs hautement qualifiés ou professionnels. Quant à la logique de délocalisation, ce sont les usines qui se déplacent dans les pays où le coût est compétitif.

De plus, la proximité des marchés pour les clients importants est aussi un argument de poids de plus en plus pris en compte. La délocalisation des entreprises se justifie aussi par les progrès dans les transports et autres moyens de communication ; ceci les aide à fixer leur stratégie de développement au niveau mondial.

Il est possible que la grande période de migrations internationales ait déjà pris fin dans les années 1980, car avec le réveil de la Chine, et bientôt de l'Inde, les disparités de développement et de revenus vont tendre à s'estomper dans l'Asie de l'Est.

Bibliographies

RICHARD A., 2003, "International Migration, remittances and the brain drain : study of 24 labor-exporting countries", *World Bank Policy Research Working Paper 3069,* World Bank, Washington, DC, June 2003

JAPAN LABOR REVIEW, 2005, Foreign Workers (special edition), *JILPT* (The Japan Institute for Labour Policy and Training), Autumn, Tokyo.
JILPT (The Japan Institute for Labour Policy and Training), 2006, *Business Labor Trend*, april, Tokyo.
KUWAHARA Y., 2004, "International Comparison of Employment Relations", in. Bamber G.et al. *International and Comparative Employment Relations,* fourth ed., Sage Publications Ltd, London.
KUWAHARA Y., 1991, Kokkyo wo koeru Rodôsha (les travailleurs qui franchissent les frontières nationales), *JILPT (The Japan Institute for Labour Policy and Training*), Tokyo.
MINISTÈRE DE LA SANTÉ, DU TRAVAIL ET DU BIEN-ÊTRE, 2003, « Shogaikoku ni Okeru Gaikokujin Rodôsha to Sesaku » (*les problèmes des travailleurs étrangers dans les pays sélectionnés : situation actuelle et politiques d'immigration*), Tokyo.
"OECD, 2004 et 2006, International *Migration Outlook*, SOPEMI, Paris.
SUZUKI H., 2005, « L'individu, le collectif et l'Etat dans les pays d'Asie du Nord-Est », in Daugareilh I., « *Mondialisation, Travail et Droits fondamentaux* », Ed. Bruylant, Paris et Bruxelles.
CHALAMWONG YONGYUTH, 2004, The Migration of Highly skilled Asian Workers in OECD Member Countries and its effects on Economic Development in East Asia. *OECD Discussion paper,* May, Paris.

Chapitre 5

PERSPECTIVES ON AGRICULTURAL DEVELOPMENT

Adel ATTIA[1]

With approximately three billion inhabitants, Asia is home to 55 percent of the world's population and produces about 40 percent of the total global cereal supply. Agriculture in Asia has a rich history. The most productivity gains have come during the past three decades throw the "Green Revolution", when many Asian countries increased levels of fertilizer, an assured water and adoption of modern varieties of rice and wheat.

Means of increasing agricultural supply has altered from extension of area cropped to intensified cultivation of land already cultivated (excepted Central Asia) following the Green revolution. This paper explores the nature of the Green revolution stage and the post Green revolution constraints, with the aim of identifying the means to remove toward a new strategy of agricultural development for East and South Asia.

First of all, this paper briefly reviews a scope of the problem of population and natural resources in Asia. The relevant literature about the green revolution will be elaborated followed by an argument about what kind of agricultural development model for promoting economic development.

---

[1] The research work for this paper was supported by The University of Paris Ouest Nanterre La Défense. The author would like to extend his acknowledgement to Professor Pierre Daucé for his helpful suggestions. Remaining errors are the author's.

Population, Natural resources, Food and Green Revolution

Production function of natural resources

Production function is the sum of natural resources, the application of labour and capital. Up to Hayami (2005) limited endowments of natural resources should not be a major constraint on economic growth in the long run if they are effectively supported by increases in man-made capital.
The average number of persons per square kilometre of surface area in a nation's territory may be used as a rude proxy for relative scarcity of natural resources.

Table 5.1: Population, land and food production in selected economies

	Population per square Km of territorial area 2000	Average annual population growth rate (%) 1980-2000	Average annual growth rate of agric. land(%) 1965-2000	Average annual growth rate of food production per capita(%) 1965-2000
Africa (Sub-Saharan)	94	2,9	0,7	- 0,5
South Asia	297	2,0	0,2	0,8
Bangladesh	954	2,0	- 0,2	0,0
Pakistan	177	3,1	0,3	0,9
India	307	1,9	0,1	0,9
East Asia	132	1,3	0,8	2,5
Indonesia	111	1,7	0,7	2,6
China	134	1,2	0,7	2,7
Thailand	122	1,4	1,3	1,1
Korea, Rep.	471	1,0	- 0,5	2,0
Latin America (and Caribbean)	25	1,8	1,1	0,9
High income countries	27	0,7	0,1	0,8
France	107	0,5	- 0,1	0,4
USA	29	1,0	0,0	0,9
Japan	336	0,4	- 1,0	0,0
World	45	1,6	0,3	0,6

Sources : FAO, FAO STAT Database in Hayami.Y. & Godo Y., Development Economics, Oxford university press, 2005

The information contained in Table 5.1 clearly indicates that the data support the hypothesis that endowments of natural resources represent an overriding constraint on economic growth. Japan with much poor natural

resources endowments than the USA, was able to reach about the same per capita income level as the USA. Again table 5.1 provides the same result when we see the resource-poor Korea which was able to surpass the income levels of resource-rich economies in Latin America.
A rapid look at Table 5.1 reveals the high population growth rate in South Asia compared to East Asia and to Japan. Pakistan and Bangladesh maintained a population growth rate of nearly, respectively, to 3 and to 2 per cent per year. For example, Pakistan's population growth rate (we observe the same phenomena in Kenya) had an average annual growth rate of agricultural land of 0.3 %. This is a very serious problem since these economies relied so heavily on natural resource-based activities such as agriculture and mining for both production and export.
In history, except for some economies, countries were able to achieve a high income level through exploitation of natural resources, but their growth were temporary and not sustainable if they continued to rely solely on natural resource exploitation as for example a result of the Green revolution in long run.

The Green Revolution

Following Solow's seminal work (Solow, 1957), it is generally agreed that increases in the quantities of input likes labour and capital are not sufficient to explain productivity growth. The explanation of productivity change lies to a considerable extent in technological change.
Schultz (1964) hypothesized that traditional farmers may be poor but nevertheless efficient, with the implication that :
- Increased production can result from the extension of the isoquant curve and not by reallocation of resources.
- The extension of the isoquant curve can take place only when technological change occurs. Given this approach taken by a group of agricultural economists, neither «X-inefficiency» nor «allocative inefficiency», are the sources of significant production loss, and the general assumptions of neoclassical economics hold.

Technological change is very important because it influences agricultural productivity growth. Technological change is defined as the introduction of new or no-conventional resources into agricultural production as substitutes for the conventional resources. The effect of technological change must be evident as a change in the yield per acre, as a change in the cultivated acreage average, or both (Yudelman 1970). It is often a vehicle for the application and substitution of knowledge for material resources or for the substitution, of a less expensive resource, for a more expensive and a scare one.

Hayami and Ruttan (1971) identified the capacity to develop technology consistent with physio-cultural endowments as the single most important factor accounting for differences in agricultural productivity among countries. Historically, the United States and Japan, starting with entirely different factor endowments, experienced high rates of agricultural growth. In the United States, the expansion of the agricultural output resulted primarily from the introduction of technology which facilitated an increase in area operated by worker. In Japan, the agricultural output growth was the result of the introduction of technology leading to increased yield per cropped hectare in response to fertilizer application, despite a highly unfavourable land-man ratio.
Some studies have classified agricultural innovations into various categories. Hayami and Ruttan (1971, pp. 44-5) distinguish between biological and mechanical technologies. Traditionally mechanical technology is identified as labour-saving, biological and chemical technology as land-saving. The former facilitates substitution of power and machinery for labour, while the second is designed to facilitate substitution of labour and/or industrial inputs for land. Yudelman (1970) argued that "land-saving innovations are considered to be reflected solely in an increase in yield and labour saving innovations are considered solely in an increase in the land-man ratio". Other authors are making a similar distinction between labour-saving and land-saving technologies.
Ruttan (1978) define biological technology in terms of an identity which expresses output per worker employed as the product of the yield per hectare and the land-labour ratio. Ruttan point out, increases in output per worker can also be achieved through increased land productivity, but only if the rate of increase in output per hectare exceeds the rate of change in the number of workers employed per hectare. It is useful to refer to these technologies that increase output per hectare as biological technology.

Success of the Green Revolution

The Green revolution was successful as far as productivity is concerned mainly because new varieties of rice and wheat where released that represented a new paradigm in crop improvement. Here after are listed these new varieties:
- They were dwarf or semi dwarf in stature in the way that dwarf stature and stronger straw brought improved response to inputs, particularly fertilizer and water, but also to cultural practices such as crop protection, tillage and mechanization,
- They possessed higher yield potential because dwarfs and semi dwarfs generally had higher yield potential than traditional tall varieties: they were

less susceptible to lodging, they had a higher harvest index (ratio of grain to straw and leaves) than traditional varieties,
- They were less sensitive to photoperiod and could therefore be planted more widely.

The shorter duration varieties were also important to increased productivity because they fit better in double or multiple cropping situations, were often less susceptible to drought and other stresses as well as insect and disease attack because of shorter time in the field, thus producing higher yields per hectare per day.
In terms of the above, it is clear that the land productivity can be increased through the employment of biological technology. In Asia countries (expected central Asia), where there is little or no scope for extension of cultivation, agricultural output increased during the green revolution by rises in yield by hectare. This biological technology did not occurred for the same gains of agricultural productivities all over the Asia countries

The crop productivity picture in Asia

A look at the progress of crop productivity over time may be useful in order to understand what may be possible from new technology in the future. The question whether there is a lessons that can be drawn from the past.
Alexandratos estimated that, over 1985-2000, two third of the world food production growth would come from increased yields. Productivity increases are essential in a world where production expansion from the opening of new lands will be negligible in the future. The amount of land for cereal production may indeed decline in some places as it has in China during the past decade (Byerlee 1989).

According to Hayami (2005) since the Green revolution is by nature the process of international technology transfer, the progress in recipient countries is bound to stop as their technology approaches the world technology frontier. This process can be observed by the movements of rice yield per hectare in selected Asian's economies shown in fig 2. Korea and Taiwan were able to achieve faster yield increases in the process of their catching up with the frontier, but their yields stagnated as they approached that of Japan.
Countries like Indonesia and the Philippines, which went ahead in adoption of new varieties in South-East Asia achieved major gains in their yields during the 1970s as if moving towards the frontier of North-East Asia, but the rate of their growth declined in the 1980s when modern varieties where diffused widely over both irrigated and favourable rain fed areas.
The major rice production area in Bangladesh and India located in flood plains which is characterised by difficult water control, in the river Deltas of

the Ganges and Brahmaputra. For this reason the adoption rate of modern varieties was slowly. Despite this natural constraint, the introduction of pump irrigation and the adjustments in cropping systems for growing modern varieties in the dry season accelerated the rice yields in these areas. The growth of average rice yields became faster than those of Indonesia and the Philippines in 2005. In this respect, the international technology transfer take place at first in the areas under favourable environmental conditions and later to those of unfavourable environmental. Because of these sequential actions in technology diffusion from favourable environment to the unfavourable, the stagnation of rice production in Asia was relatively modest until 2000.

There are some worrying signs today. For example, wheat and rice yields continue to rise in some countries in Asia, but at a much slower pace than the boom years of the 1960s and 1970s. Some observers even question whether wheat and rice might be reaching some kind of yield plateau (Byerlee 1995). Rice yields in some part of Asia may have stagnated or even begun to decline slightly (Pingali 1988).

Today's picture in growth production and new model of agricultural development

Today's picture in growth production

Asia ability to feed itself in years to come will depend crucially on continued growth in the production of cereals like rice and wheat which contribute the bulk of the region food supply (Table 5.2).

Asia's irrigated lowland cropping systems, in which most cereals production is concentrated, were transformed in the beginning of the 1960s by the Green revolution which was based on input-responsive-semi dwarf varieties of rice and wheat. Grown with increased levels of fertilizer and an assured water supply, modern varieties led to a high yields and a higher income for farmers.

Today, there are signs that the past period of rapid growth in Asia's irrigated lowlands may be ending and will begun to decline because of the intensive use of inputs needed to maintain the productivity gains.

In the matter of fact, these gains inflict damage to natural resource base upon which agriculture depends.

An intensive rice monoculture in the lowlands results in the following changes in production systems: rice paddies are flooded for most of the year without adequate dry time; there is an increased reliance in inorganic fertilizers and planting schedule become asymmetrical. On the long term, these changes will cause negative biophysical impacts and significant environmental costs as is it was demonstrated by P.L. Pingali in Table 5.3.

Table 5.2: Projected growth in production and consumption of cereals in Asia

	South Asia	East Asia Excluding Japan	Southeast Asia	Total Asia
Population				
1990 (millions)	1115	1227	441	2783
1990-2020 (annual growth)	1,7	0,9	1,5	1,7
Projected prod. growth (%)				
Rice	2,3	0,8	2,0	1,7
Wheat	2,2	1,9	1,0	2,0
Maize	2,0	2,0	1,8	2,0
Total cereals	2,2	1,5	2,9	1,8
Projected cons. growth (%)				
Rice	2,3	0,9	1,8	1,7
Wheat	2,6	1,9	2,6	2,2
Maize	2,2	2,2	2,5	2,2
Total cereals	2,3	1,8	2,0	1,9
Total cereal deficit, 2020 (Millions of tons)	-13	65	26	79

Table 5.3: Intensification-induced degradation of the irrigated lowlands

Resource Base Degradation	Probable Causes	Farm Level Indicators resource degradation
Build-up of salinity or water logging	Poor design of irrigation systems (poor drainage) Intensive irrigation water	Reduced yields and/reduced factor productivities
Increased incidence of soil toxicities and micronutrient deficiencies	Long Term flooding or water saturation of paddy soil Increased reliance on low quality irrigation water Depletion due to continuous rice monoculture	Reduced yields and reduced productivities Reduced cropping intensive
Subsoil compaction	Increasing frequency of pudding (wet tillage)	Reduced yields and reduced productivities
Changes in soil nitrogen supplying capacity	Changes in organic matter quantity and quality due to slower rate in decomposition of continuously flooded soil	Declining efficiency of nitrogen fertilizer use
Increased pest build-up and Pest related yield uses	Continuous rice monoculture Increased asymmetry of planting schedules Greater uniformity in varieties cultivated	Increased pesticide use

Source: International Agricultural Development, 1998, edited by Carl K. Eicher and John M. Staatz. The Johns Hopkins University Press, Washington.

The economic impacts of these biophysical changes include declining trends in total factor productivity, reduced profitability of rice cultivation, and greater externalities imposed on the environment and on human health as a result of increased both fertilizers and pesticide use.
To summarise, agricultural growth have a major impact on poverty reduction ; but only a few countries, like Taiwan, Indonesia, Malaysia, Thailand and China, have been able to develop and implement an agricultural strategy. But this situation will impose environmental consequences in the future.

Toward a new Model of agricultural development

Up to Byerlee 1992, in most situations of agricultural change, we conceptualize the sequence of change in land-intensive agriculture as consisting of four stages:
- A pre-green revolution phase, wheat increased production results largely from expanding land area or improvements in the resource base, especially through irrigation (phase I)
- A Green Revolution phase, when a technological break through in the form of new high- yielding and input-responsive varieties provides the potential to dramatically increase the productivity of land (phase II)
- A first post-Green Revolution phase, beginning after the widespread adoption of modern varieties, when intensification of input use, especially fertilizer and water, substitutes for increasingly scarce land for agriculture (Phase III)
- A second post Green revolution phase, which has begun after input use, has reached relatively high levels. In this stage farmer's experiences with the new technology, together with support institutions and policies, have evolved to how improved managerial and information skills to increasingly substitute for input use and to improve input efficiency (Phase IV)

These phases are: the introduction of the modern varieties shifts the production function to MV1 (Modern Variety first generation) and increase the response to fertilizer and water as two important inputs. Adoption of a modest level of this complementary input accompanies the adoption of MVs (Modern Varieties).
But, many farmers are not able to exploit the full gain of the new technology immediately and operate at bellow the technological frontier MV2 (Modern Variety second generation). In the next phase, when the input use intensifies, farmers move along the new production function by using higher level of complementary inputs. This phase may be view as a time of improving allocated efficiency as the marginal value of productivity of each input approaches its acquisition price.

Finally, farmers move toward the production frontier by employing better information and skills to increase the efficiency with which they use inputs. In this case, gains in productivity result more from increased technical efficiency than to give room to improve allocated efficiency. Input use may expand only modestly during this stage or may be even reduced. Gains in land productivity in this stage are also likely to be smaller compared to gains in previous stages, although changes in the productivity of all factors combined may be quite impressive as a result of increases in input efficiency, because costs of purchased inputs now constitute a significant share of total production costs.
Currently, only advanced areas, such as the Indian Punjab and the irrigated rice in the Philippines, with high yields and high levels of inputs, can be said to be truly in this phase IV.

Conclusion

Several lessons have been learned since the mid-1960s about the functioning of the agricultural sector in South and East Asia and their potential role in the development process. Rapid economics growth has been considered necessary to deal with the human welfare concerns that stem with poverty and hunger, and such growth is feasible because of the potential of the agricultural technical change.
The agricultural sector is a means to an end not an end in itself. Four different paths to technical change policies toward agriculture were been opened if the goal is to execute a gain in agricultural productivity. It has obviously been difficult to sustain agricultural productivity through the Green revolution or through the first post Green revolution because of the increased integration of environmental considerations. Japan was one of the first countries to adopt the Green revolution; it was followed by many countries in Asia. In Asia, Taiwan, Malaysia, Indonesia and Thailand, have had spectacular success in generating agricultural growth and China joined this group in 1978.
Again in agricultural productivity this century was propelled largely by new technologies emanating from agricultural research that were adopted by farmers. It is assumed that new technologies will also arise mostly from research that is being carried out in a global framework, linking together environmental, social, economic considerations. Several factors will influence the types of new agricultural technologies; a need for greater efficiency of resource use to reduce possible pollution effects, continuing intensification of agriculture if we are to meet the needs of a growing world population, agriculture will be even more management and knowledge intensive than today and a need for greater specificity and therefore tailoring of genetic materials and agronomic practices. Finally, agricultural support

policies also will have to change to accommodate the emerging information-based technologies. It will be necessary to shift a part of public expenditures from input subsidies to increased investment in public good aspects of technology and genetic development.

Bibliography

ALLUDDIN, M. and TISDELL, C., 1991, *The 'Green Revolution' and Economic Development*, St. Martin's Press, New York.

AGHION, P. & BLUNDELL, R. & GRIFFITH, R. & HOWITT, P. & PRANTL, S., 2002, "Entry and productivity growth: evidence from micro-level panel data", *Journal of European Economic Association,* 2, nos 2-3 : 265-76.

ATTIA, A., 1998, *Adoption de nouvelles variétés de blé en Egypte : modélisation à partir des exploitations representatives*, Thèse de Doctorat, Université de Bourgogne, Dijon.

ATTIA, A., 2003, "Wheat Production in Egypt, What Strategy for the Future", in *The 1st Central Asian Wheat Studies*, Edited by CIMMYT & WSU- L.V. Geronina edition, vol. 1, pp. 652 -654.

BYERLEE, D., 1994, "Technology Transfer Systems for Improved Crop Management", in *Agricultural Technology: Policy Issues for the International Community.* Edited by J.R. Anderson, 208-227, CAB International & World Bank, Washington.

DE JANVRY, A. and KANBUR, R., 2006, *Poverty, Inequality and Development : essays in Honor of Erik THORBECKE* : Springer Science, Inc. USA, New York.

EICHER, C.K. and STAATZ, J.M., 1998, *International Agricultural Development*, The Johns Hopkins University Press, Washington.

EICHER, S. and GARCIA-PENALOSA, C., 2006, *Institutions, Development, and Economic Growth*, The MIT Press, Cambridge.

GRILICHES, Z., 1957, "Hybrid corn: An exploration in the economics of agricultural research", *Econometrica*, 25 (4), pp.501-22.

HAYAMI, Y. and GODO, Y., 2005, *Development Economics : From the poverty to the Wealth of Nations* : Oxford University Press, Oxford.

HAYAMI, Y. and RUTTAN, V., 1991, *Agricultural development : An International Perspective* : The Johns Hopkins University Press, Washington.

UNITED NATIONS, *Industrial Statistics Yearbook*, 1991-2006, Department of International Economic and Social Affairs, Statistical Office, New York.

UNPD, (United Nations Development Programme), *Human Development Report,* 1991-2006, Oxford University Press, Oxford & New York.

SCHULTZ, T.W., 1964, *Transforming Traditional Agriculture*, Yale University Press, New Haven.

SCHULTZ, T.W., 1974, "Is modern agriculture consistent with a stable environment?" in *The Future of Agriculture: Technology, policies and Adjustment*, Papers and reports, 15th International Conference of Agricultural Economists, Oxford : Oxford Agricultural Economics institute, pp.235-42.
SOLOW, R.M., 1957, "Technical change and the aggregate production function", *Reviews of Economics and Statistics,* 39 (3), pp.312-20.
YUDELMAN, M., BANERJI, R. AND BUTTLER, G., 1970, "The use of an identity to examine the association between technological changes and aggregate labour utilization in agriculture", *Journal of development Studies*, 7 (1) pp.36-49.

Chapitre 6

L'EMERGENCE DE LA CHINE, L'ESSOR ECONOMIQUE DU JAPON, QUELQUES ENSEIGNEMENTS POUR L'AFRIQUE

Mahamane Laouali OUMAROU, Marius MENDES

L'actualité économique a été particulièrement marquée, depuis le début des années 2000, par l'émergence des nouvelles technologies. Le dynamisme de l'économie mondiale, jusqu'en 2007, paraît à maints égards remarquables. Les entreprises, comme les nations, ont tenté d'utiliser ce dynamisme économique comme levier pour attirer l'investissement international ; l'évolution positive de l'économie chinoise en témoigne. Le lien entre l'émergence d'une économie et la stratégie d'une politique économique adaptée est devenu encore plus explicite et porteur de plusieurs enseignements. L'essor économique apparaît donc comme le résultat d'un processus d'ouverture à différentes opportunités stratégiques. Ces dernières caractérisent les pays émergents dans le nouvel ordre politico-économique. En permettant à de nouveaux groupes sociaux privés de participer aux échanges économiques, les pays concernés ont accéléré le processus de transition économique et leur entrée dans l'ère moderne. La modernisation du Japon en offre un parfait exemple. La modification du partage structurel du pouvoir consenti par l'Etat japonais a amené celui-ci à abandonner au fur et à mesure son programme interventionniste et régulateur au profit d'une stratégie économique privilégiant la régulation par le marché. En effet, le Japon a commencé son expansion économique, avec l'initiative de l'Etat, à partir de réformes de son secteur agricole, notamment, par une extension des droits de propriété terrienne. Ce contexte a vu la mise en place d'une industrie capable de fournir des produits absorbés par un monde rural moteur des transformations économiques. Ces dernières ont été enregistrées grâce à une diffusion généralisée de l'éducation de base et par l'orientation de la formation des élites pour des métiers d'encadrement nécessitant une haute compétence technique. La Chine semble avoir pris peu ou prou la même trajectoire, mais sensiblement différente de celle du Japon, essentiellement après la révolution culturelle et encore davantage à la suite des réformes agraires de la fin des années soixante-dix. La Chine a prolongé le mouvement de réformes progressives, celles-ci se sont accélérées au début des années quatre-vingt-dix, c'est-à-dire après la chute du mur de Berlin, par une ouverture aux investissements directs étrangers (IDE) puis par son entrée dans l'organisation mondiale du commerce (OMC). Actuellement, la Chine est parmi les premiers acteurs mondiaux dans les échanges commerciaux principalement concentrés sur la zone côtière et du Sud.

Le Japon et la Chine ont donc connu un essor économique important à travers les actions de l'Etat. L'Etat est considéré comme une organisation prépondérante dans le changement structurel économique au sens de D. North (2005), c'est-à-dire comme un joueur capable d'émettre des règles. L'éducation, l'industrialisation, et la modernisation de l'économie dans un contexte de diffusion de nouvelles technologies ont contribué à la prospérité des deux pays et sont désormais au cœur des problématiques de la croissance. Ainsi, on assiste aujourd'hui à une marchandisation croissante de l'éducation et des connaissances techniques (Hugon, 2002). Au niveau international, les écarts considérables entre les pays les moins avancés (PMA) et les pays disposant de systèmes d'innovation technologique dynamique continuent de se creuser.

En Afrique, l'Etat est également une organisation dominante de l'économie. Cependant, l'agriculture constitue la principale activité, elle occupe environ 80 % de la population. Dans ce contexte, la phase de mise en œuvre de réformes stratégiques de transformation des activités économiques du Japon et de la Chine, initiée par l'Etat, peut nous servir à éclairer les mesures prises en Afrique par l'Etat. De fait, il y a lieu de se poser la question de savoir pourquoi le dynamisme des économies africaines, plus précisément de l'Afrique de l'Ouest, enregistre toujours de faibles performances ? Comment expliquer le retard actuel de ces économies à partir du dynamisme économique chinois et japonais ? L'idée qu'une stratégie volontariste avec l'initiative de l'Etat à travers des règles édictées peut conduire à une transformation profonde de l'économie. Cette transformation dans le cas du Japon et de la Chine a vu émerger un acteur significatif au niveau international. Cette émergence est accélérée avec l'usage des nouvelles technologies dans les processus de production et d'organisation.

Nous exposons dans ce chapitre, après un bref rappel des éléments théoriques, le dynamisme économique chinois. L'accent est mis sur la période de 1989 à nos jours avec un bref historique des politiques et réformes entreprises avant cette période, les performances, les résultats de son ouverture et la tendance de l'économie sur le long terme ; puis le modèle japonais est analysé à travers deux étapes du processus de modernisation de l'économie. Nous montrons comment l'Etat a su adapter l'économie à un processus d'accumulation, puis celle-ci s'est transformée en se modernisant et est maintenant fortement liée à l'émergence des nouvelles technologies de l'information et de la communication (NTIC). Enfin, nous présenterons les enseignements sous forme de constats et les leçons à tirer pour l'Afrique.

Analyses théoriques de l'éducation et de la production du savoir pour le développement

Les arguments théoriques en faveur de l'éducation comme indicateur de développement

Les premiers travaux menés sur le capital humain ont montré l'existence d'une forte corrélation positive entre le niveau de l'éducation et le bien-être. Ces travaux remontent dans la deuxième moitié des années cinquante et les années soixante. La théorie a été fondée par Schultz (1962-1967) et développée par Becker (1964) quoique l'approche ait été abordée pour la première fois par Mincer (1978). Les auteurs ont abordé l'éducation sous l'angle économique en analysant les effets qu'elle peut avoir sur la croissance et le développement économique.

Les deux dernières décennies marquent une période de nouveauté dans la pensée économique. Les théories sur l'éducation, pour ne citer que celles qui peuvent être en relation avec notre domaine choisi, sont considérées comme les clés d'entrée dans l'ère moderne ; certains systèmes peuvent même se décomposer et donner lieu à de multiples théories dérivées de la nouvelle économie moderne prise au sens large. C'est-à-dire, qu'elle ne se limite pas à la seule considération des effets des NTIC sur la croissance des économies. Il est nécessaire de souligner que toutes ces théories présentent des points communs et que l'économie de la connaissance semble être mieux indiquée pour traiter des effets de l'éducation.

Plusieurs argumentaires théoriques ont été développés pour traiter de la connaissance et de l'éducation en économie. Au premier plan, on trouve Howit (1996), qui restreint l'économie de la connaissance aux seules activités de production de savoir. Selon cet auteur, la nouveauté de l'Etat actuel se trouverait exclusivement dans la formation d'une économie de la connaissance comme une partie de l'économie qui fait de la production de la connaissance un nouveau facteur de production. Son raisonnement permet d'en faire une économie de l'éducation qui est partie intégrante de l'économie de la connaissance dans laquelle le savoir est un produit issu des activités de l'enseignement, de la formation et de la recherche et développement. Tandis que le second axe réserve, à la connaissance, les propriétés d'une marchandise ou même d'un bien qui peut être collectif. Enfin, un troisième axe synthétiseur intègre la notion d'information, d'apprentissage et de bien collectifs. Selon cet argumentaire, l'économie de la connaissance oppose une analyse standard en termes d'information et une analyse en termes de processus cognitifs et d'apprentissage (Hugon, 2002). Une information devient connaissance dans la mesure où celui qui la détient est capable de la combiner avec d'autres savoirs, de l'utiliser et de l'accumuler. La connaissance résulte ainsi d'un processus d'apprentissage individuel et collectif et est inséparable de l'éducation.

Ainsi, apparaît l'importance de l'éducation et de son accumulation en capital humain. L'économie de la connaissance représente environ le quart de la valeur ajoutée des pays de l'OCDE[1]. Dans ce contexte, nous pensons nécessaire d'apporter un éclairage théorique de l'éducation vue sous l'angle de l'accumulation du capital humain.

Approche théorique de l'éducation comme facteur d'émergence d'une économie

Les discussions autour de la nature des économies modernes relancent la problématique du rôle joué par l'éducation dans le processus de développement des pays modernes. L'éducation se trouve ainsi au centre des débats notamment comme facteur de sortie de la trappe à pauvreté des pays les moins avancés.

Dans les modèles du capital humain, l'homme est supposé être un « homoeconomicus » ; il est considéré comme un capital pour lequel tout investissement supplémentaire aura pour conséquence l'accroissement de la productivité. Ainsi, le capital humain est un facteur déterminant de transformation d'une économie, plus son niveau est élevé, plus le revenu national est élevé, et donc le niveau du revenu par tête important.

Cette théorie du capital humain a été critiquée et remise en cause. Elle a été attaquée sous l'angle du lien positif entre la productivité et un niveau élevé de l'éducation. Selon le premier courant, le fait d'aller à l'école n'augmente pas les compétences et les connaissances, tandis que le second courant suppose que la productivité est liée à l'emploi et non à la qualification des individus. Cependant, nous pouvons affirmer avec ces théories que le niveau de revenu a une forte influence sur la demande d'éducation, qu'elle soit à un niveau inférieur ou à un niveau supérieur.

L'exemple de quelques pays en développement juxtapose ces différents courants de pensées. Le cas de l'Afrique (Afrique de l'Ouest) ou de la Chine montre des différences d'évolution. En Afrique, l'insuffisance de revenus et

---

[1] H. OUANE, Chef de département des PMA, des PED sans littoral et les PED insulaires au CNUCED.

le coût total de l'éducation constituent un véritable obstacle à la formation et à l'accumulation du capital humain, à cela s'ajoute aux disparités régionales en terme de distance et de dotation. Les milieux urbains semblent être plus favorisés dans l'accès aux opportunités de l'éducation par rapport aux milieux ruraux, éloignés et mal informés par insuffisance d'accès aux moyens de l'information et de la communication. Par contre, dans le cas de la Chine « révolutionnaire », le travail semble répondre aux normes hautement qualifiées, pourtant nous avons vu que la majeure partie de la main-d'œuvre chinoise vient de l'intérieur du pays avec un niveau d'instruction faible, ce qui peut aller en faveur de la thèse des tenants de la première critique qui soutiennent que les connaissances et les compétences sont innées ou acquises en dehors de l'école. Cela revient à penser qu'il peut exister un lien fort entre l'imitation, l'apprentissage et la productivité. Aujourd'hui, l'électronique constitue une des principales sources d'exportation de la Chine tandis que le Japon détient la spécialisation de la production robotique. Cette dernière activité exige des ingénieurs hautement qualifiés par rapport à l'autre qui demande le minimum d'éducation, résultat d'une totale scolarisation, d'un niveau de formation scientifique et d'un patriotisme important à la base.

En quoi le patriotisme peut-il être un moteur de croissance et de développement ? Le patriotisme économique se définit comme la condition première de toute réflexion stratégique sur le devenir d'un Etat. Le patriotisme économique se caractérise notamment par la création des pôles de compétitivité, la stabilisation du capital des entreprises nationales et le renforcement de la politique d'attractivité du territoire. La stratégie d'orientation des IDE par la Chine dans une même région peut s'expliquer sous l'angle d'un patriotisme de l'Etat. La Chine qui jusque dans les années quatre-vingt-dix, était considérée comme faisant parti des pays pauvres, occupe depuis plusieurs années, en matière des échanges commerciaux (importations), la troisième place des partenaires de la zone euro après les Etats-Unis et la Suisse, et est le deuxième fournisseur après les Etats-Unis. Comment comprendre une si rapide transformation structurelle ? Pour cela, une présentation des différentes étapes d'évolution de l'économie s'avère être nécessaire.

L'exemple de deux économies asiatiques : l'émergence de la Chine et l'essor du Japon

L'émergence économique de la Chine

Dans le domaine du protectionnisme, l'exemple de la Chine constitue un cas particulièrement frappant. La Chine, qui jusqu'en 1989 était encore sous un régime communiste, affiche une tendance à l'ouverture dans les années quatre-vingt-dix. Ces dernières années, le pays est l'un de ceux qui attirent et accueillent en même temps le plus des capitaux étrangers (cf. tableau 6.1). On constate une véritable dynamique d'investissement sur le territoire chinois de manière prononcée à partir de 1993 (O. Boissin et Y. He, 2005). Plusieurs, entreprises délocalisent leurs activités vers ce pays à main-d'œuvre moins coûteuse, avec un niveau de compétence technologique très élevé et un sens d'apprentissage sans faille. Ce qui n'est pas sans retombées positives sur l'économie du pays qui enregistre depuis 1990 un taux de concentration de l'IDE fortement élevé. En 2000, le flux de l'IDE par habitant s'élevait à 30 dollars en Chine (Hong Kong non compris) et à 9 278 dollars par habitant lorsqu'on inclut Hong Kong, contre 229 dollars par habitant au Japon, 1 118 dollars pour les Etats-Unis et 1 158 dollars pour le total de l'OCDE (OCDE, 2000). La part du commerce extérieur dans le produit national brut s'élevait à environ 75,5 % en 2005 contre environ 20 % au Japon (World Bank, 2005). Depuis sa rétrocession, le Hong Kong oriente en moyenne 17 milliards de ses flux d'investissement directs étrangers en Chine selon le China Statistical Yearbook, et ses flux sont passés de 15,5 milliards de dollars en 2000 à 17,8 milliards de dollars en 2002 pour atteindre 19 milliards de dollars en 2004.

La théorie de l'IDE s'est, depuis la fin des années soixante, orientée vers de nombreuses directions, essentiellement à partir de l'analyse du phénomène de multinationalisation des firmes (Mucchielli, 1990 et Mathonnat, 1990)[4]. Mucchielli distingue trois grandes catégories d'investissements directs, définies selon leur objectif, à savoir, les investissements orientés vers l'exploitation des ressources pétrolières et minières, les investissements orientés vers le marché du pays d'implantation ou de la desserte d'un marché régional regroupant plusieurs Etats (Il s'agira très souvent d'investissements de substitution à l'importation) et les investissements orientés vers l'exportation.

L'investisseur potentiel sélectionne le pays selon les critères suivants : caractéristiques structurelles (dotation en ressources naturelles, PIB/tête, taille et croissance du marché), politique économique (politique de protection, ouverture commerciale sur l'extérieur et sur les IDE et autres apports de capitaux extérieurs) et politique de risque (instabilité politique et économique).

La première catégorie est d'actualité en Afrique avec les découvertes de gisements pétrolifères dans plusieurs pays. Les deux dernières catégories sont relativement liées aux différents modèles d'industrialisation. Elles se définissent par un processus de restructuration socio-économique mettant en œuvre différents acteurs s'appuyant sur des organisations industrielles et un environnement institutionnel. La logique industrielle suppose durée, capitalisation, cohérence, apprentissage et maîtrise technologique conduisant à une faible réversibilité (Hugon, 1995). Ainsi, la transition dans ce contexte serait le point géométrique qui marque le glissement de l'économie, d'une ère traditionnelle à une ère moderne.

L'apport théorique dans ce domaine a distingué trois types de modèles ou stratégie d'industrialisation, à savoir, l'industrie de substitution d'importation (ISI), l'industrie de substitution d'exportation (ISE) et l'industrie industrialisante, et ce dernier type montre le rôle important que joue l'Etat dans le processus d'industrialisation.

Le modèle (III) a été appliqué en Chine. L'objectif était de construire à partir de la grande taille des unités de production, un système industriel capable de diffuser par la suite la croissance. L'industrialisation a été de promouvoir un capitalisme d'Etat. Alors que dans les pays africains, un des modèles qui a réussi jusque-là était celui de la diversification des exportations, c'est le cas de la Côte d'Ivoire, quant aux autres économies de l'Afrique Sahélienne, elles sont confrontées à l'insuffisance d'infrastructures, qui constitue un des obstacles majeurs au développement d'un tissu industriel.

En Chine, l'Etat a adopté une stratégie industrielle qui a consisté à privilégier certaines régions du pays, ce qui n'a pas été le cas pour les quelques stratégies de certains pays africains.

Tableau 6.1 : Part des entreprises à capitaux étrangers dans l'économie chinoise

Année	Part dans l'exportation	Part dans l'import-export	Part dans la prod. industrielle
1986	1,88	4,04	-
1987	3,07	5,55	-
1988	5,18	8,12	-
1989	9,35	12,28	-
1990	12,58	17,43	2,28
1991	16,75	21,34	5,28
1992	20,44	26,43	7,09
1993	27,51	34,27	9,15
1994	28,69	37,04	11,26
1995	31,51	39,10	14,31
1996	40,71	47,29	15,14
1997	41	46,95	18,57
1998	44,06	48,68	24
1999	45,47	50,78	27,75
2000	-	-	27,39
2001	-	-	28,52

Source : Tableau constitué par les auteurs à partir du site www.mofcom.gov.cn, 2003.

Ce tableau permet non seulement d'identifier trois différentes périodes, avant la chute du mur de Berlin – la phase d'ouverture – et l'entrée dans l'OMC (celle-ci n'est pas présentée sur le tableau), mais surtout une croissance régulière, soutenue et un degré croissant d'industrialisation moderne tributaire en partie de l'apport des capitaux étrangers. Selon certaines études, les principaux facteurs qui contribuent à la croissance de l'économie chinoise sont, dans l'ordre, les entreprises étrangères, les entreprises collectives rurales, les micro entreprises privées et les entreprises à capitaux étrangers. De ces mêmes études ressortent l'importance de l'accumulation des IDE et l'intérêt qu'accorde le gouvernement, dans l'orientation de sa politique d'ouverture et d'entrée dans l'ère moderne, au développement des régions situées plus vers l'Est et la partie côtière. Géographiquement, la côte Est de la Chine, en plus d'avoir le privilège portuaire, est située face au Japon et à la Corée du Sud (République de Corée), deux autres pays à économie moderne. C'est donc cette situation stratégique qui porte les municipalités de Beijing, de Shanghai, de Tianjin et des provinces de Liaoning, de Shandong, de Jiangsu, de Zhejiang, de Fujian, de Guangdong et de Hainan à se développer rapidement.

Selon Boissin et He, (2003), on a localisé à peu près 440 des plus grandes entreprises à capitaux étrangers et 100 des premiers exportateurs à capitaux étrangers en Chine dans ces régions en 1999. Depuis son entrée dans l'OMC, la part des IDE dans les échanges extérieurs chinois est de plus en plus importante. A titre d'exemple, l'Allemagne oriente ses IDE en Chine dans le secteur manufacturier, la France dans le secteur tertiaire, à savoir, les services aux entreprises, l'électricité, le gaz et l'eau et l'intermédiation financière, les Pays-Bas dans l'électronique puis dans les banques et assurances et l'agroalimentaire, Hong Kong dans la finance, les Etats-Unis dans le transport et l'électronique, la Suisse dans la finance, la chimie-pharmacie et l'agroalimentaire, le Royaume-Uni, premier investisseur en Chine se concentre dans l'énergie, les services financiers, la construction et infrastructures, le commerce de détail et les télécommunications.

Évolution de l'économie chinoise

Cinq grandes étapes ont marqué l'évolution de l'économie chinoise ; elles partent du modèle soviétique à l'entrée du pays dans l'OMC. Nous qualifions la dernière étape de révélation et d'émargement du pays en vue de l'aboutissement à une nouvelle puissance économique. Ainsi on distingue plusieurs phases :

- jusqu'en 1965, l'économie était du type soviétique. Selon certaines sources, la rupture aurait déjà eu lieu en 1960,
- la période 1966 à 1977 marque les années de la révolution culturelle,
- la période de 1978 à 1989 marque quant à elle les réformes économiques en faveur d'une économie rurale,
- de 1990 à 2001, c'est l'ouverture. Elle marque l'adaptation de la politique du pays face au nouvel ordre mondial qui s'est traduit par une intensification d'une ouverture sélective. Cette période caractérise le tournant de l'économie vers une économie moderne. Elle coïncide avec la chute du mur de Berlin et la disparition du régime communiste, c'est la période d'entrée massive des capitaux et le développement accéléré de la technologie et de la nouvelle technologie de l'information et de la communication. Le résultat de cette politique a abouti au premier lancement dans l'espace, en octobre 2002, d'un Chinois, par des Chinois, critère reconnu de développement. Le processus d'émergence d'un Etat fort est enclenché et les retombées positives se succèdent, au moment où en Afrique on enregistre une baisse de l'aide publique au développement,
- enfin de 2002 à 2007, c'est l'impact de l'entrée dans l'organisation mondiale du commerce (OMC), l'attractivité économique et l'émergence totale en acteur dominant.

De cette analyse, il ressort que l'économie de la Chine a connu sa période d'âge d'or à partir de la chute du mur de Berlin. Faut-il penser à la force que donne une économie de marché ou plutôt que la Chine a eu le bon « timing » autrement dit, le gouvernement a compris qu'il fallait jouer sur les deux trajectoires en faisant abstraction du régime d'Etat ? Ce que nous remarquons, c'est que le processus de développement de la Chine intègre en amont un développement de l'économie rurale rehaussé d'un patriotisme économique pour enfin s'ouvrir de façon stratégique. L'objectif de la politique macroéconomique imposée par le gouvernement a été d'orienter tous les investissements dans une ère de mondialisation d'information, vers une zone jugée non seulement productive, mais aussi facile d'accès par le puissant triangle d'économie moderne que forme Hong Kong – le Japon – et la Corée du Sud.

Il ressort de cette analyse, cependant non exhaustive, quatre points sur lesquels la Chine s'est appuyée pour développer son économie sur : le patriotisme économique, la discipline, une politique économique stratégique et l'apprentissage. La Chine a enregistré un taux de croissance d'environ 10 % par an jusqu'en 2008, ce qui fait du pays une puissance économique au niveau mondial menaçant la triade.
L'ouverture du pays après la chute du mur de Berlin en 1989, la restitution de Hong Kong à la Chine en 1999, l'entrée dans l'OMC en 2001, l'ouverture vers l'extérieur et la stratégie politique pour un Etat puissant, l'attractivité des IDE et l'impact des entreprises à capitaux étrangers sont autant d'éléments qui ont contribué à favoriser non seulement les échanges commerciaux chinois, en leur octroyant une part du marché la plus importante, mais aussi, à propulser l'économie chinoise au rang d'acteur dominant. Les IDE se concentrent pratiquement dans les secteurs de l'électronique, du textile, des machines, de l'automobile et de la métallurgie.
Selon notre analyse, cette croissance peut être mitigée car certaines études montrent une répartition inégale des investissements entre les régions, ce qui peut constituer un obstacle difficile à relever dans l'avenir. Il peut y avoir au sein du même pays un écart de développement entre les régions, une partie moderne qui se développe au détriment d'une partie qui cherche à s'intégrer. La conséquence et l'analyse de cette situation ont fait l'objet d'une étude théorique[2]. Dans ce contexte, la Chine se trouvera alors en face de deux problématiques majeures. D'un côté, la réduction de l'inégalité régionale à travers l'amélioration de son coefficient de GINI qui n'est pas sans conséquence sur la performance économique, et de l'autre côté, si la politique se poursuit, il peut y avoir un risque de conflit entre les régions et même vis-à-vis du gouvernement. Un autre point aussi important est l'idée que la main-d'œuvre chinoise, supposée être moins coûteuse, est en constante hausse. Pour cela aussi, il y a lieu de se poser la question de savoir, « toutes choses égales par ailleurs », comment va évoluer le poids de la monnaie chinoise ? Le besoin de l'économie ne va-t-il pas engendrer une

---

2 Voir, le dualisme de LEWIS et la théorie centre/périphérie.

révolution démographique ? Car la dynamique de l'économie peut évoluer dans le sens où il y aura de plus en plus de travailleurs chinois qualifiés. Dans ces conditions, le pays ne pourra plus fournir sa main-d'œuvre aux entreprises étrangères en provenance de l'intérieur du pays qui les alimente actuellement et qui ne sera peut-être plus bon marché.
Somme toute, sans mesures d'accompagnements anticipés, la dynamique et la puissance de l'économie chinoise peuvent avoir l'allure d'un cycle ou tout simplement un effet de mode sur le long terme. Une des voies stratégiques traditionnellement connues est le partenariat économique avec, souvent de petits pays, sous forme de coopération. Ce genre de pays existe en Afrique, mais : Pour quel type de partenariats ? Quels enjeux ? Existe-t-il une similitude avec le Japon ?

La stratégie de long terme de la Chine, les enjeux pour le reste du monde et l'exemple du Japon ?

Nous n'avons pas la prétention de développer totalement ce point dans cette section. Nous nous contenterons de résumer les points forts de la tendance. L'émergence de l'économie chinoise selon notre analyse pourrait conduire, à l'échelle mondiale, à une destruction/créatrice de la Triade. Autrement dit, à la triade actuelle pourrait se substituer à un nouvel espace constitué de plus de main-d'œuvre, plus de compétence, plus de pouvoir informationnel et technologique et un puissant marché intérieur. La conséquence serait, pour le reste du monde et notamment pour l'Afrique, une marginalisation absolue dans les échanges commerciaux, car le progrès technologique, la recherche et développement créent de plus en plus des substituts de matières premières importées d'Afrique. La tendance dans les années à venir serait que la Russie intègre le groupe. Avec les réserves énergétiques que le pays renferme et le débat autour de son nouvel essor économique, la Russie attire les IDE et peut constituer la prochaine destination des investisseurs. Cependant, *un effet positif* pourrait être enregistré si la Chine décide de délocaliser ses industries dans les pays d'Afrique, sous forme de coopération par exemple et si leur intention d'assurer leur approvisionnement, en Afrique, en matière première notamment en pétrole dans les quinze à vingt ans à venir. En 2006, la Chine délocalise plus dans les pays émergents d'Asie du Sud certes, à cause de leur niveau d'industrialisation, de leur proximité et leurs cultures. La présence actuelle chinoise en Afrique ressemble plus à un partenariat stratégique que de la coopération. Les entreprises chinoises sont présentes dans certains pays de la corne de l'Afrique, à l'image du Soudan, depuis longtemps et récemment en Afrique de l'Ouest où elles font des accords de partenariats avec les entreprises extractives du pétrole. Le pays importe environ 30 % de son pétrole de l'Afrique. Les enjeux pétroliers actuels en Afrique, les impératifs stratégiques et le souci d'être une puissance mondiale constituent les trois paramètres importants qui ont amené le pays à multiplier le montant de ses aides par cinq en Afrique en passant du niveau de 10 milliards de dollars à environ 50 milliards en 2006 (Hugon, 2007). Ce ne fut pas tout à fait la même stratégie qu'a adoptée le Japon en Afrique pour asseoir sa position de puissance mondiale.

La politique japonaise dans le monde à la fin des années soixante-dix se résumait, pour l'essentiel, au partenariat entre les gouvernements des pays africains et le patronat (les entreprises japonaises) avec des objectifs commerciaux ; ce partenariat se résume ainsi : dons, prêts, et assistance technique contre matières premières, à savoir, le pétrole, le charbon, le platine, le cuivre, l'acier, l'or ou les produits de la pêche. Les IDE japonais étaient davantage attirés par les pays anglophones producteurs de pétrole. Le pourcentage de leur aide est passé de 2,3 % à 18,9 % entre 1980 et 1990 (Androuais, 2003).

Dans le même intervalle de temps, des programmes sur l'éducation sont financés et exécutés par l'Agence japonaise de coopération internationale (JAICA). Dans les années quatre-vingt-dix, le pays confirme sa position de puissance mondiale en Afrique et devient l'un de ses principaux donateurs. La conférence internationale organisée à Tokyo sur le développement de l'Afrique en 1993 (TICAD) a retenu trois axes privilégiés, à savoir, la coopération et l'intégration régionale et l'application de l'expérience asiatique au bénéfice du développement de l'Afrique, la réduction de la pauvreté et l'intégration dans l'économie mondiale et enfin, en cas de besoin, l'appui aux nouveaux partenariats pour le développement de l'Afrique (NEPAD), organisés en trois phases, 1993, 1998 et 2003. Les pays asiatiques voisins ont bénéficié quant à eux, par effet de diffusion, d'un modèle de croissance fondé sur les transferts de technologie des IDE et une ouverture des marchés européens sur les produits industriels. Ainsi, si les programmes de la TICAD sont exécutés selon le planning établi, ceux-ci bénéficieront à l'Afrique car le besoin d'un partenariat est important en nouvelles technologies de l'information et de la communication.

L'essor du Japon par les nouvelles technologies de l'information et de la communication (NTIC)

Au moment où la théorie et l'application du nationalisme économique se développent, il faut rappeler que le Japon a adopté, à la fin des années quarante, une stratégie politique peu usitée, celle de se faire protéger par une grande puissance. La politique du Japon a consisté à se rapprocher des Etats-Unis en faisant de leur modèle économique un exemple. Le Japon de 2006 était en partie le résultat de cette stratégie. Dans la deuxième moitié des

années cinquante, le pays affiche de bons indicateurs de développement économique et trente ans après, le pays est devenu une puissance mondiale. La technologie s'est rapidement développée notamment, la robotique où le pays détient une spécialisation au même titre que le pouvoir informationnel au niveau international grâce aux développements continus des TIC.
Depuis 1998 (date de la sortie de crise asiatique), les grandes entreprises japonaises ont commencé à s'intéresser davantage à la nouvelle économie et durant les années 2000 les TIC sont devenues une priorité gouvernementale. Mais l'usage de l'informatisation en tant que tel est un vieux concept pour un pays qui comptabilise vingt-cinq ans d'expérience dans ce domaine. Les échanges commerciaux à travers l'usage des TIC se développèrent considérablement, classant le pays au deuxième rang après les Etats-Unis dans les ventes au grand public (classification commerciale B2C) et interentreprises (classification commerciale B2B). Depuis cette période, précisément, au sommet des huit pays en juillet 2000, le Japon a démontré l'importance capitale des TIC dans la croissance économique. On enregistre ainsi ces dernières années une montée en puissance des télécommunications. A titre de comparaison, nous présentons dans le tableau 6.2 ci-dessous, l'usage des TIC, en chiffre, par la triade.

Tableau 6.2 : Usage de la Technologie de l'Information et de Communication par la triade en 1998

	Japon	Etats-Unis	Union Européenne
Poids du secteur des TIC dans le PIB (%)	5,8	9	6,4
Part des TIC dans le commerce international (%)	20	16	11
Dépenses en R&D dans le secteur des TIC	22	52	17,3
Emploi des TIC dans la production des équipements de télécommunications (%)	60	36	-
Emploi des TIC dans les autres services de télécommunications (%)	30	40	-

Source : BROUSSEAU E. et RALLET A., 1999, *Technologies de l'information et de la communication, organisation et performances économiques*, Commissariat général du plan, Paris.

Le tableau 6.2 montre la suprématie du Japon pour l'emploi des TIC dans le commerce international et dans la production des équipements de télécommunications. Cependant, sur la base des statistiques de 1997-1998[3] la part de l'emploi du secteur des TIC dans l'emploi marchand s'élevait à 3,4 % au Japon contre 3,9 % aux USA et 4 % en France. Il ressort de ces statistiques que le Japon est en moyenne le deuxième pays du monde en termes d'usage et d'utilisation des NTIC. Selon les statistiques « Fortuna 500 », pour 2005 et 2006, le pays occupe la première place dans l'électronique et l'automobile. L'emploi des TIC dans la production des équipements de télécommunications le classe au premier rang mondial dans les dépenses en recherche et développement dans le secteur TIC et ceci montre le degré d'industrialisation du pays et l'importance qu'il accorde à l'éducation.

L'industrie et l'éducation ont été des secteurs importants qui ont contribué à moderniser le Japon. L'Etat aura été à l'initiative de toutes ces transformations structurelles. La section qui suit présente une analyse de ce processus et souligne le rôle important joué par l'Etat dans la modernisation du système économique japonais.

Processus d'accumulation et modernisation des systèmes et de production, le cas du Japon

Un examen de l'essor économique du Japon (1868-1912) peut se présenter comme une édification progressive d'institutions inscrites sur le sentier de croissance. Les institutions sont ici définies au sens de North (2005), comme étant les règles du jeu émises par des organisations pour leur permettre d'être en relation lors des décisions prises concernant des activités liées à la production et aux échanges. Pour le cas du Japon, l'Etat a été l'organisation principale pour créer un environnement favorable à l'expansion économique. Cette situation unique d'acteur pivot concerne également d'autres parties du monde notamment l'Afrique où toutefois les équilibres coordonnés par l'Etat (1960-2006) n'ont pas pris les mêmes sentiers de croissance que ceux du Japon. Pour notre propos, le cadre incitatif favorisant une économie dynamique élaborée par l'Etat peut être compris comme le compromis entre deux pôles, à savoir, l'existence d'un objectif volontaire de l'Etat pour la modernisation progressive des conditions de production et d'échanges, et la contrainte d'un engagement actif par les autres organisations existantes dans le processus de changements institutionnels générateurs du bien-être collectif.

---

[3] BROUSSEAU E., RALLET A., (1999), « Technologies de l'information et de la communication, organisation et performances économiques », Commissariat général du plan, Paris.

Le contenu de ce qui va suivre comporte deux étapes. Premièrement, nous discuterons de l'engagement de l'Etat au Japon en faveur d'une modernisation de l'activité économique par un examen succinct de différentes mesures qui ont permis de bâtir un système économique performant, en contrepoint nous examinerons concomitamment quelques mesures en Afrique. En second lieu, nous montrerons que ces règles émises par l'Etat n'impulsent une dynamique économique que lorsqu'il existe des organisations prêtent à saisir ou à anticiper les opportunités offertes dans ce nouveau cadre d'actions.

Modernisation et dynamisme du système économique au Japon

Afin de mieux comprendre le rôle décisif de l'Etat, il faut faire un bref rappel du contexte économique de la seconde moitié du XIXe siècle qui correspond à une période d'expansion économique caractérisée par le renouvellement progressif des techniques de l'énergie, de fabrication, de transport, et de l'information liée à la maîtrise de la machine à vapeur et du charbon. Cette situation nouvelle a entraîné les sollicitations de concessions commerciales en faveur de marchandises en provenance des Etats-Unis et de l'Europe de l'Ouest. Ainsi en 1858, l'ouverture aux flux de marchandises a été concédée dans trois ports du Japon.

Pour faire face à ce défi, l'objectif de bâtir un système économique moderne et dynamique fut ensuite initié par l'Etat avec la nouvelle ère Meiji en 1868. Il faut noter que la plupart des membres de ce gouvernement sont à l'origine de l'essor du Japon. Parmi l'ensemble des mesures prises, nous allons en examiner deux, notamment la transformation de la principale activité économique - l'agriculture - comme source d'accumulation et la mise en place d'une modernisation structurelle des systèmes éducatifs et de production à travers un changement d'orientation privilégiant l'Occident.

Les sources de l'accumulation du capital : la très forte culture de la rizière au Japon a permis la maîtrise de techniques hydrauliques très avancées telles que les canaux d'irrigation, de drainage, etc., dans un pays majoritairement rural à la fin du XIXe siècle - 82 % de la population -. Le Japon disposait avec cette tradition solide d'aménagement agricole et de pratiques intensives (vallées inondées, bicultures annuelles), d'un savoir-faire agricole certain. Toutefois, cette agriculture fournissait des rendements relativement faibles du fait des pesanteurs issues d'un système social fortement hiérarchisé provenant du système de l'époque Edo[8], où les terres sont la propriété de la classe des grands seigneurs et le travail agricole n'était pas socialement valorisé. Avec une activité primaire prépondérante (63 % de la part de revenu), la recherche de moyens financiers par l'Etat pour assurer son programme de modernisation est passée par l'abolition des droits de propriétés sur les terres traditionnellement attribuées aux Seigneurs contre des titres de propriété sur les fonds de l'Etat portant intérêts. Ces nouveaux titres de propriétés des Seigneurs ainsi que les titres de pension des guerriers, sont confiés à des banques nationales sous le contrôle de l'Etat. Ces banques vont donner naissance à un système financier moderne très marqué par la capacité des ménages à épargner. Cette épargne ainsi constituée auprès des banques va constituer une étape décisive pour la disponibilité des ressources au niveau du pays. L'Etat va céder ce capital foncier à des paysans devenus grands propriétaires contre le paiement d'un impôt sur les terres et le versement de traites. La plupart des paysans trop pauvres vont devenir de simples locataires des nouveaux grands propriétaires en payant leurs charges locatives en nature. Cependant, l'Etat va être à l'initiative d'un programme important d'importation de semences améliorées. Ainsi, les rendements agricoles vont être considérablement en augmentation, ce qui libère de la main-d'œuvre pour les activités industrielles initiées toujours par l'Etat. Cette hausse de la productivité agricole a permis un afflux de devises puisqu'elle représentait 38 % des exportations totales dans la décennie 1870 (interentreprises, 2005). Les recettes d'exportations administrées par l'Etat ont permis au pays de couvrir la grande majorité de ses besoins en denrées alimentaires et à réduire de fait la facture des importations. Cette réforme a permis à l'Etat de disposer en toute indépendance des moyens pour mettre en place un tissu industriel. Les produits fabriqués ont connu comme principal débouché un secteur agricole en pleine transformation. La demande interne de ce secteur va constituer un moteur stimulant pour les industries de fabrications naissantes.

Nous venons de voir qu'un changement de droit de propriété sur les terres par l'Etat a permis de disposer de fonds pour financer de nouveaux projets. Cette innovation institutionnelle a pu porter une nouvelle impulsion puisqu'elle est venue renforcer les pratiques agricoles intensives déjà existantes. Concernant le Japon, les fonds disponibles à la suite de ce surplus ont été principalement alloués à des politiques d'éducation et de mise en place d'infrastructures industrielles et de communication orientées vers l'occident, assurant ainsi une transmission structurelle à ce processus d'accumulation en marche.

La modernisation structurelle : avec un système éducatif fondé sur le modèle chinois mais uniquement ouvert à la noblesse et aux riches marchands, l'héritage de l'ère Tokugawa va être complètement réorienté par l'Etat sous l'ère Meiji en faveur des standards occidentaux, notamment, la formation d'ingénieurs qui représentaient environ 80 % de la première promotion de l'université impériale en 1880. Cette période, qui correspond à une phase de coopération avec les puissances occidentales, comporte deux séquences. Des universités et des écoles normales furent créées en plus des établissements d'enseignement primaire et secondaire. De plus, d'importantes ressources vont être consacrées à l'arrivée de spécialistes de toutes les puissances occidentales dans des domaines différents. La première période correspond à la mise en place d'institutions d'enseignement moderne avec les universités et les écoles normales, et l'adoption de principes d'organisation interne, notamment, l'enseignement du Droit, de l'Administration, du Système bancaire, de la Médecine, de l'Art militaire, et des Méthodes commerciales. La seconde période concerne la mise en disponibilité d'importantes ressources pour l'arrivée de spécialistes notamment de l'aciérie, de la construction navale, des filatures, etc. Le Japon fit venir ainsi quelque 527 spécialistes en 1875 dont 228 mobilisaient près du tiers du budget du ministère de l'Industrie. Cette coopération technologique aboutit en 1902 à l'octroi de près de 11 000 visas pour des étudiants hors du Japon. Le système éducatif fondé sur le mérite devient un véritable moteur de promotion sociale. Une autre spécificité est son adaptation par rapport au système de production. Par exemple, la diffusion d'une éducation primaire généralisée permet l'acquisition des compétences de bases, à savoir la lecture, l'écriture et l'apprentissage du calcul, et en retour les acteurs des secteurs agricoles et manufacturiers peuvent assimiler plus facilement la diffusion des innovations agricoles, manufacturières et faciliter leur intégration dans les centres de production. Ainsi dès 1902, le Japon comptait environ 90 % d'enfants scolarisés et l'enseignement obligatoire comptait six ans en 1908. Cet effort dans l'éducation impulse le système de production et va aider le Japon à se propulser dans la phase industrielle. Des équipements en vue de constituer une industrie lourde (sidérurgie, construction navale, chimie, etc.) vont être introduits dans le pays. L'Etat, devant les difficultés à générer de nouvelles ressources fiscales, cède ses entreprises industrielles essentiellement à des financiers. Les équipements relatifs aux infrastructures routières, ferroviaires, de communication ainsi que les arsenaux restent sous l'initiative de l'Etat. Il faut noter que ces nouvelles infrastructures venaient renforcer un réseau routier déjà significatif sous l'ère Tokugawa qui permettait alors un commerce interrégional très important.

A partir des acquis de l'ère Tokugawa, le nouvel Etat japonais a su trouver les règles nécessaires pour entamer un processus d'accumulation dont les plus importantes organisations du jeu social sont parties prenantes. L'objectif de modernisation ainsi initié par l'Etat à travers un cadre de rupture avec les règles hiérarchiques sans mobilité sociale a pu être suffisamment incitatif pour les autres organisations qui ont adhéré également à sa politique de modernisation des systèmes d'éducation et de production. Le Japon a ainsi connu l'Etat développeur après avoir transformé l'héritage de l'ère Tokugawa. En référence, L'Etat en Afrique va devoir porter le projet de modernisation des structures de l'économie héritées de la colonisation et de construction de la nation, et c'est là une autre spécificité de la situation africaine.

Quels enseignements pour l'Afrique

Le rôle de l'Etat

Comme nous venons de voir l'exemple privilégié d'un Etat ayant parfaitement réussi à mener une expérience de politique d'expansion économique très remarquable, examinons ci-après les actions entreprises par l'Etat en Afrique au lendemain des indépendances.
Le contexte africain : la logique d'expansion en faveur de zones d'échanges privilégiées en Afrique a conduit les puissances européennes à constituer de vastes ensembles à travers le nivellement des différents systèmes d'organisations africaines. Ces dernières ont néanmoins en commun une agriculture, largement extensive, comme principale activité économique qui se déroulait, non pas, pour l'essentiel dans un cadre non marchand mais plutôt dans un régime de prestation contre redistribution. Il faut souligner que ce régime manifestait plus une dynamique de hiérarchisation sociale qu'une dynamique d'accumulation de biens.
Toutefois, des cultures à vocation industrielle furent progressivement encouragées en Afrique notamment le coton, la palmeraie, l'arachide, etc. Le nouveau cadre d'échange ainsi créé permet d'absorber des produits manufacturés de firmes de la Métropole contre la vente des produits agricoles des paysans africains. Cependant pour l'essentiel, la consommation des produits manufacturés concerne le personnel administratif et les agents du secteur marchand chargé de la vente des produits agricoles. Il y a ainsi désarticulation entre le secteur moderne et le secteur traditionnel (Hugon, 2005) même si des infrastructures vont être réalisées pour permettre une mise en valeur devenue intéressante. Il faut noter également une diffusion de la scolarité et de la médecine moderne.
De cette situation, l'Etat africain postcolonial va tenter de mener de nouvelles actions pour faire face aux défis de la mise en place d'un processus d'accumulation et fournir des éléments consistants dans un contexte marqué également par l'objectif d'affirmer une volonté nationale.

Disparité dans la disponibilité des ressources

Afin de disposer des ressources nécessaires pour ces objectifs, les Etats ont plutôt choisi de maintenir l'architecture d'une économie de traite. Ainsi, la vente à l'extérieur de produits agricoles engagés lors de la mise en valeur des colonies va être encouragée. L'Etat, dans un grand nombre de pays, est devenu l'unique gestionnaire du patrimoine foncier et le principal acteur du secteur agricole. Dans une volonté de préserver l'unité nationale, la propriété privée de la terre par des paysans n'a pas été très souvent envisagée et l'apparition d'une catégorie d'intermédiaires privés n'a pas été non plus encouragée. Cette situation maintient le secteur agricole en marge du secteur moderne. La prépondérance de l'Etat dans le principal secteur d'activité a pu être caractérisée suivant trois modalités. La première modalité concerne les prix pratiqués à l'endroit des producteurs africains qui subissent un taux de prélèvement particulièrement élevé dans le contexte de l'abandon des surprix des puissances européennes et de la concurrence des produits agricoles de nouveaux pays. La deuxième modalité concerne la part du budget de l'Etat consacrée à ce secteur qui fournit une grande partie du produit national brut mais qui ne bénéficie que d'une part faible des dépenses de l'Etat. La dernière modalité concerne les organismes d'encadrement rural qui ont peu contribué à l'évolution du secteur agricole très marqué par la culture exposée aux pluies et à une faible valorisation des sols. En effet, dans un contexte dominé par une insuffisante diffusion des techniques hydrauliques, les seules semences améliorées ont concerné les cultures d'exportation issues des tests d'instituts de recherche sur les plantes tropicales durant la colonisation. Ces dernières ont vu leur production accroître suivant une logique extensive et avec l'augmentation des superficies même si elles ont consommé l'essentiel des engrais et pesticides disponibles dans l'agriculture. De plus, avec « la révolution verte », n'ayant concerné essentiellement que le riz et le blé qui sont des cultures locales, voir inexistantes en Afrique, la recherche menée sur les cultures vivrières africaines, faute de coordination et de moyens, n'a pas encore tout à fait accompli sa révolution. Cette brève revue a permis de montrer les limites à la mise en place d'un processus d'accumulation à partir de la principale source d'activité économique qui concerne encore l'essentiel de la population africaine. Devant cette situation peu incitative, la campagne africaine ne permet pas encore de constituer un moteur pour la modernisation des structures de production.

Le problème de la modernisation des structures

Devant la nécessité de faire fonctionner une administration sans disposer d'un capital humain suffisant, les Etats africains ont largement privilégié la formation de juristes et d'administrateurs civils. Dans un système de production peu complexe au moment des indépendances, la diffusion de l'éducation de base (écriture, lecture, apprentissage du calcul) n'a pas mobilisé la majorité des moyens. De plus, devant faire face à l'hétérogénéité des langues vernaculaires, le choix de la langue d'enseignement s'avère quelquefois complexe tant le coût d'un tel déploiement ne devait pas faire obstacle à la volonté d'unité nationale affichée et de niveler les disparités régionales. Dans ce contexte, le développement scolaire a plutôt suivi une logique d'expansion propre à l'édification d'un appareil administratif. Cette expansion scolaire à des fins administratives est venue renforcer la désarticulation entre le secteur éducatif et le secteur productif pour l'essentiel agricole. Cette logique de scolarisation par le haut pour des emplois liés au fonctionnement de l'appareil d'Etat n'a pas toujours permis de disposer d'un personnel qualifié pour moderniser le secteur agricole ou de faire émerger un grand choix de compétences dans le tissu social.

Cependant, les découvertes actuelles des gisements de pétrole et leur exploitation dans certaines régions offrent au continent une option de diversification de partenaires et justifient dans certains contextes la croissance enregistrée ces trois dernières années. Aux côtés des anciens partenaires tels que les Etats-Unis et l'Europe de l'Ouest, rejoints par la Chine et le Japon, viennent s'ajouter des pays comme le Brésil, l'Inde et la Russie. L'enjeu pétrolier crée une situation de concurrence entre les grandes puissances au profit de l'Afrique. On assiste à un redéploiement de la part de la Chine et du Japon et même des autres grandes puissances économiques.

Le modèle de la diaspora chinoise et le modèle de diffusion des TIC japonais constituent une autre voix d'enseignement à tirer. L'Afrique dispose d'une diaspora qualifiée répartie dans le monde occidental. Si celle-ci est mise au service du continent, comme le recommandent plusieurs conférences sur le devenir de l'Afrique, on pourrait réduire l'écart non seulement entre le travail qualifié et le travail non qualifié, mais aussi par un canal de diffusion et de pénétration accélérée des TIC sur le continent. La faiblesse du tissu industriel serait alors corrigée grâce à l'appropriation des TIC. L'impact de ces dernières étant connu positif sur la croissance et la productivité, leur accès contribuerait à extrapoler la phase du développement industriel et pourrait accélérer le processus de modernisation des économies du continent suivant les dotations et les compétences des pays.

Conclusion

Cette étude sur l'émergence des économies a voulu montrer que la modernisation d'une économie est un processus long, passant par plusieurs réformes, notamment en agriculture qui est la source première de l'accumulation du capital, et la mise en place d'une modernisation structurelle des systèmes éducatifs et de production. L'étude explique le rôle de l'Etat dans les stratégies d'orientation et de réformes structurelles dans le processus de modernisation par le rôle primordial de l'éducation, des IDE et de l'usage des TIC comme facteurs explicatifs de l'émergence d'une économie vers une puissance mondiale validée au regard les deux pays étudiés, la Chine et le Japon.

Selon l'analyse présentée, le cadre incitatif favorisant une économie dynamique élaborée par l'Etat peut être interprété comme étant le compromis entre deux pôles à savoir, l'existence d'un objectif volontariste de l'Etat pour la modernisation progressive des conditions de production et d'échanges, et la contrainte d'un engagement actif par les autres organisations existantes dans un processus de changements institutionnels générateur de bien-être collectif.

Cependant, les stratégies adoptées diffèrent d'un pays à l'autre. Au Japon, l'Etat a favorisé l'émergence d'une couche sociale du secteur privé sur la scène politico-économique alors qu'en Chine, l'Etat a privilégié les IDE en les orientant vers les centres de production côtiers de l'Est du pays. Cette situation accentue l'inégalité jadis existante par rapport aux régions de l'intérieur et peut être une source de conflit entre les régions.

Nous pensons que sur le long terme l'Etat chinois aura à choisir entre continuer à développer un pôle de productivité qui utilise une main-d'œuvre bon marché, peu qualifiée dont la majeure partie provient des régions de l'intérieur et l'amélioration du niveau des indicateurs sociaux, à savoir, le coefficient de GINI et le niveau de vie relativement bas dont souffrent ces régions. Cela pourrait entraîner, sur le long ou moyen terme, un éventuel soulèvement de la population, à l'exemple de conflits sociaux qui se passent en Afrique, notamment, les rébellions enregistrées au Niger, au Rwanda, en Côte d'Ivoire ou au Darfour, quand il apparaît qu'au sein du même pays (la Chine) la mobilité des hommes vers certaines régions nécessite un visa. Pour tous ces propos, nous pensons que l'émergence de la Chine et son économie n'est pas encore solidement assise ; ceci semble être interprété comme un effet de mode qui risque d'engendrer des difficultés au moindre choc macroéconomique. L'Etat chinois a certes pris conscience de ces phénomènes, ce qui peut expliquer sa stratégie de garantie d'approvisionnement sur les 20 ans à venir en coopération avec l'Afrique. Il est donc difficile de tenter une comparaison entre ces deux pays et l'Afrique. Cependant, le modèle chinois peut être emprunté pour réussir une intégration à partir des villes côtières comme centre et les villes de l'intérieur du pays comme périphéries. Ainsi, la diffusion des TIC s'en suivra. Mais, l'absence d'homogénéisation des politiques entreprises par les différents Etats peut faire obstacle.

En Afrique, le choix des Etats de poursuivre une économie de rente au lendemain des indépendances afin de disposer des ressources pour faire émerger une nation moderne n'a pas permis de mettre en place un processus performant d'accumulation. Malgré des avancées certaines au niveau de la santé et de l'éducation notamment dans la formation de cadres, la spécialisation, héritée de la colonisation, n'ont pas suffi pour articuler les différents secteurs économiques. Cette situation a amené la prépondérance de la scolarisation par le haut, avec comme finalité les métiers d'encadrement administratif nécessaires au fonctionnement de jeunes Etats modernes. Les acquis de l'enseignement de base très peu répandus n'ont pas permis une meilleure adoption d'innovations agricoles peu diffusées par un personnel d'encadrement ne disposant pas de moyens suffisants pour mener la révolution verte. L'objectif d'assurer le fonctionnement de l'Etat dans un contexte d'unité nationale a rendu la cession du patrimoine foncier rural très sensible. Aussi, le défi de faire fonctionner l'appareil administratif a pris le dessus sur la transformation du secteur agricole comme base d'accumulation des ressources.

Dans l'avenir, la présence asiatique sur le continent africain peut être porteuse de changement pour la simple raison que les pays asiatiques partenaires du Japon ont bénéficié, par effet de diffusion, d'un modèle de croissance fondé sur les transferts de technologie, des IDE, et de l'impact des associations qui œuvrent pour le développement. On assiste ces dernières années à une extension, voire une délocalisation des activités d'organisations, telles que la JAICA, au profit des pays africains. Les modèles traditionnels à variante industrielle ont échoué en Afrique ; dans une vision optimiste des choses n'est-il pas nécessaire de se poser la question sur la manière d'aborder le modèle asiatique de façon à en faire un modèle alternatif du développement pour l'Afrique ? Quel partenariat ? Quels enjeux ?

Bibliographies

ARROW K.J., 1962, "The economic implications of learning by doing", *Review of economic studies,* 29 June: 155-173.

ANDROUAIS A., 2003, « Le Japon dans un cycle vertueux ? », L'Harmattan, pp. 59-64, in *L'Asie demain*, sous la direction de Asie 21-Futuribles International Groupe d'Etudes Prospective sur l'Asie.

ANDROUAIS A., 1990, « *L'investissement extérieur direct : politique comparée de la France et du Japon* » PUG, Grenoble.

BECKER, 1964, « *Human capital: a theoretical and empirical analysis, with special reference to education* », Columbia University Press & National Bureau of Economic Research, New York.

BROUSSEAU E., RALLET A., 1999, « *Technologies de l'information et de la communication, organisation et performances économiques* », Rapport du Commissariat Général du Plan, Paris.

BOISSIN O. et Y. HE, 2005, « Le mode de croissance de l'économie chinoise : une analyse statistique input-output sur longue période », Colloque international, « *La Chine au cœur de la croissance mondial ? Concurrence, opportunités, restructuration de réseaux économiques* », CREM – Université de Rennes, 14 p., 1-2 décembre.

BRUNEL S., 1986, « *Asie-Afrique : Greniers Vides, Greniers Pleins* », Economica, Paris.

COHEN E., 2006, « Champions nationaux et patriotisme économique, malaise dans la mondialisation ou patriotisme économique », *Problèmes Economiques* n° 2903, 5 juillet.

DOURILLE-FEER E., 2005, « *L'économie du Japon* », La Découverte, Paris.
HAUDEVILLE B., HÉRAUD J. A., HUMBERT M., 1995, « *Technologie et performances économiques* », Economica, Paris.
HUGON Ph., 2003, « *L'économie de l'Afrique* », La Découverte, Paris
HUGON Ph., 2002, « Les écarts de connaissance scientifiques et techniques Nord/Sud au regard de la théorie des biens publics mondiaux », *Revue Tiers-monde*, tome XLIII, n° 172, oct.-déc.
HUGON Ph., 1995, « L'industrialisation du tiers-monde ou des tiers nations comme processus de transition », p 57-105, in *Economies en transition*, Maisonneuve & Larose.
HUMBERT, 1990, « *Investissement international et dynamique de l'économie mondiale* », Economica Paris
KOULIBALY M., 1992, « *Le Libéralisme, Un nouveau départ pour l'Afrique* », Harmattan, Paris.
NORTH D., 2005, « *Le processus du développement économique* », Editions d'Organisation, Paris.
RIBOUD & MINCER, 1978, « *Accumulation du capital humain* », Economica, Paris.
SCHULTZ, 1967, « *The economic value of education* », Columbia University Press, New York, London.
STIGLITZ J.E., 1991, « Théorie de l'information », *Risques*, n° 4, janvier, p.203-214.
VERNIERES M., 2003, « *Développement Humain Economique et Politique* », Economica, Paris.

DEUXIEME PARTIE

DES ACCORDS DE LIBRE-ECHANGE AUX INVESTISSEMENTS DIRECTS ETRANGERS

Chapitre 7

ROLE DE L'ACCORD DE LIBRE ECHANGE ET DE L'INVESTISSEMENT DIRECT ETRANGER DANS L'INTEGRATION ECONOMIQUE REGIONALE

Masayuki IMAI

L'intégration économique régionale en Asie est un sujet dont on a commencé à discuter sérieusement depuis peu. On a constaté qu'après la crise monétaire et économique asiatique en 1997, tous les pays asiatiques concernés ont adopté une sorte de consensus pour créer un système de coopération économique régional structuré en Asie. C'est un sujet complexe dont l'étude prend en compte de nombreux facteurs. On se doit, de plus, d'analyser les interactions entre ces facteurs. Si on compare les pays d'Asie à ceux qui se trouvent actuellement dans d'autres régions économiques telles que l'U.E. (l'Union européenne) ou le Mercosur, les pays de l'ASEAN[1]en plus de trois pays (la Chine, la Corée du Sud et le Japon) n'ont entrepris que tout récemment les démarches initiales pour mettre en œuvre une véritable coopération régionale.

---

[1] L'expression *Accords de Libre Échange (ALE)* correspond au terme anglais « Free Trade Agreement (FTA) » cependant, c'est ce même sigle qui est également employé pour « Free Trade Area ». Dans cet article, l'auteur emploie ce terme uniquement pour évoquer les Accords de Libre Échange. Il faut noter

Dans cet article, l'auteur présente les aspects économiques et politiques de ses observations et ses opinions sur les effets des A.L.E[2]. (Accords de Libre Échange) et des IDE (Investissements Directs Étrangers) puis sur l'orientation que prendra l'intégration économique régionale dans l'avenir. Le chapitre présente une réflexion personnelle fondée sur une observation des réalités économiques des pays d'Asie du Sud-Est.

Au cours des six dernières années, 2000-2006, le mouvement devant mener à la conclusion des ALE s'est bien engagé dans la région asiatique, notamment au sein des pays de l'ASEAN+3 (Chine, Corée du Sud et Japon). Auparavant, ces pays n'avaient pas fait d'efforts afin que progressent les ALE bilatéraux ou multilatéraux. En effet, au début des années quatre-vingt-dix, plusieurs pays asiatiques, en partenariat avec d'autres pays de la zone Pacifique, avaient fondé l'APEC dans le but avoué de libéraliser les échanges et les capitaux. Dirigé en réalité par une grande puissance, les Etats-Unis, l'APEC (Coopération Economique pour l'Asie-Pacifique) est parfois considéré comme étant opposé par principe à l'ASEAN puisque celle-ci est issue de l'union d'un groupe de pays en développement.

Place des accords de Libre-échange et de l'investissement direct extérieur dans l'intégration régionale en Asie

Complexité dans la mise en place d'une coopération régionale

Les résultats plutôt négatifs de la libéralisation des échanges, considérée comme normale par les pays asiatiques, à commencer par le Japon, étaient justifiés par les observations suivantes :

Ils respectaient le système de l'Accord Général sur les Tarifs Douaniers (AGETAC = GATT) et édicté par l'OMC (Organisation Mondiale du Commerce), par lequel ils voulaient obtenir la libéralisation des échanges grâce à une négociation bilatérale. Ils pensaient donc que l'APEC pourrait avoir un rôle significatif dans la poursuite de cet objectif. Jusqu'en 1997, au moment de la crise monétaire et économique des pays d'Asie, tous les pays étaient globalement satisfaits de leur croissance économique et n'estimaient pas la coopération régionale comme étant réellement importante. Si l'on se réfère aux opinions des économistes japonais exprimées à cette époque, on constate leur scepticisme quant à la possibilité d'un rapprochement institutionnel des pays de l'ASEAN et du Japon.

Les économistes occidentaux, notamment français, faisaient également remarquer que l'ASEAN n'avait pas obtenu de résultat significatif quant à la coopération économique.

Le Japon, dirigé par un parti politique conservateur, adoptait quant à lui une politique protectionniste concernant l'importation des produits agricoles (en

---

qu'en Asie au lieu des ALE, le Japon a préféré les APE (Economic Partnership Agreement) qui incluent divers accords comprenant les ALE cependant, l'élément essentiel dans ces accords reste les ALE.

particulier pour le riz dont la part de production est suffisante mais dont le coût est élevé comparé à plusieurs autres produits).
Les pays asiatiques, et surtout le Japon, étaient confrontés à divers problèmes relatifs à la mise en place de la coopération régionale. Il convient donc de se pencher sur les questions suivantes : comment trouver les moyens de mettre en œuvre une coopération afin d'atteindre l'objectif de l'intégration régionale ? Y a-t-il des leçons à tirer de l'exemple des différents élargissements de l'U.E. ?
Naturellement, les relations de politiques internationales sont des éléments essentiels pour faire progresser la coopération régionale dans une forme institutionnelle comprenant de nombreux aspects. Nous nous limiterons ici au point de vue économique.
Parmi les différents éléments à considérer, nous allons choisir deux catégories d'activités économiques, les ALE et les IDE, et étudierons leurs rôles respectifs dans la progression vers une intégration économique régionale asiatique.

Les différentes étapes du processus d'intégration économique régionale asiatique

Plusieurs économistes et chercheurs ont justifié les avantages des ALE et des IDE tout en reconnaissant en même temps les effets négatifs qui en découleraient pour les partenaires dont les économies seraient moins solides. Il faut donc distinguer les différents stades de développement économique international des pays asiatiques au regard d'une éventuelle intégration économique régionale. Ainsi, la théorie de Bella Balassa de 1961 (cf. Tableau 7.1) classe les stades de cette intégration de la manière suivante :
I Zone de l'Accord de Libre Échange
II Union douanière
III Marché commun
IV Union économique
V Intégration économique complète
Il est vrai que l'intégration régionale ne doit pas nécessairement passer par toutes les étapes, mais l'expérience de l'Europe nous montre que l'on a eu besoin de cinquante ans pour atteindre la quatrième étape. Cette dernière prend en compte l'intégration politique y compris la création d'un droit constitutionnel commun tel que l'UE a tenté de le réaliser et sur lequel elle échoue jusqu'à présent.

Tableau 7.1 : Intégration économique des différentes étapes
- Modèle de Bella Balassa -

	Intégration des marchés			Intégration monétaire	Intégration politiques économiques
	Pas de droits de douane	Politiques commerciales communes	Mobilité des facteurs	Changes fixes ou monnaie unique	Politiques économiques communes
Zone de libre échange	■				
Union douanière	■	■			
Marché commun	■	■	■		
Union monétaire	■	■	■	■	
Union éco & monétaire	■	■	■	■	■

Source : Compilé par l'auteur à partir du modèle de Bella Balassa ; Note : L'UEM n'est pas encore une Union Economique et Monétaire, puisque la politique budgétaire et la politique fiscale restent du ressort des gouvernements de chaque pays.

Pour ce qui est des pays asiatiques, ils n'ont entamé que récemment la réalisation du premier stade de façon bilatérale. Cependant, il faut signaler que les caractéristiques des pays asiatiques, notamment le groupe des pays de l'ASEAN et des nombreux pays industrialisés (NPI), leur permettent d'être plus flexibles quant aux changements à effectuer que les pays avancés tels que l'Europe. Cependant, il faut noter qu'il existe plusieurs nouveaux pays industrialisés asiatiques dont le système social reste embryonnaire pour des nations modernes ; ces pays préféreront certainement un simple rapprochement fonctionnel plutôt qu'institutionnel.

Malgré tout, les pays de l'ASEAN ont officiellement déclaré qu'ils se fixaient comme objectif de parvenir au stade de l'intégration économique régionale, sous quelque forme que ce soit, à l'orée de l'année 2020[3].

En juin 2000, lors d'un colloque qui s'est tenu à Tokyo, plusieurs hauts dirigeants politiques et intellectuels d'Asie ont présenté leur point de vue sur la manière de faire avancer la coopération régionale et ceci a été la première tentative dans ce domaine. Chaque participant a présenté une opinion plutôt positive vis-à-vis de l'avancement de la coopération régionale mais, en réalité, on sait que l'on fait face à plusieurs difficultés, notamment pour ce qui est de la politique et de l'économie[4].

En outre, en 2002, un économiste chinois appartenant à un Centre de Recherche sur l'ASEAN, dans un entretien à un journal japonais, a répondu de la façon suivante[5]:

---

[3] Note de l'auteur : Une zone de libre-échange est prévue en 2010 entre la Chine et six membres de l'Asean (Brunei, l'Indonésie, la Malaisie, les Philippines, Singapour et la Thaïlande), et en 2015 la zone de libre-échange pourrait couvrir aussi le Cambodge, le Laos, le Myanmar et le Vietnam.

[4] D'après l'article : *Asie nouvelle coopération*, paru dans le journal de Nikkei (Nihon Keizai Shinbun), 20 septembre 2000.

[5] D'après le journal Nikkei, article du 5 novembre 2002.

- Les pays de l'ASEAN ne pourront pas faire avancer l'intégration comme l'U.E. et n'auront pas besoin d'établir d'institutions comme celle-ci.
- L'U.E. a pris beaucoup de temps à faire avancer la procédure d'intégration jusqu'à son stade actuel.
- Les pays d'Asie auront eux aussi une monnaie commune dans le futur.

Les leçons à tirer de la création de l'euro, monnaie commune à de nombreux pays européens, peuvent être résumées par les deux observations suivantes. La première est la convergence économique et le mécanisme par lequel les nombreux partenaires ont réussi à atteindre cette convergence. La deuxième est l'élan politique des pays au moment du lancement de l'euro et le « consentement » national vis-à-vis de l'introduction de la monnaie unique.

Les pays asiatiques, notamment les pays de l'ASEAN plus trois pays (Chine, Corée du Sud et Japon), ont déjà créé une forme de coopération entre eux. Même si leur coopération économique et financière n'est pas encore avancée, comme on l'a mentionné ci-dessus, leurs relations à long terme devraient s'élargir et s'approfondir.

Les problèmes politiques et les relations Europe/Asie

En ce qui concerne la politique internationale, il reste néanmoins une barrière très difficile à surmonter, à savoir la relation sino-japonaise. D'un point de vue purement économique, ces deux partenaires ont des intérêts mutuels. La Chine a besoin des industries et des capitaux japonais tandis que le Japon a besoin du marché chinois.

De plus, en juin 2006, grâce à une croissance économique rapide, la Chine avait une réserve en dollars américains d'un montant de 1 000 milliards, réserve supérieure à celle du Japon. Les deux rivaux en effet ont le même besoin de maintenir la valeur du dollar.

Il n'en demeure pas moins que, du point de vue politique, ces deux partenaires ont des relations extrêmement tendues[6], car l'un et l'autre se disputent le leadership du rapprochement des pays asiatiques. Les Etats-Unis ont pendant longtemps manœuvré ces deux pays, dont les systèmes politiques sont fondamentalement opposés, et qui ont bien du mal à se rapprocher pour lutter ensemble contre la prédominance des Etats-Unis.

D'une part, la Chine a à son actif une présence très significative sur le marché mondial, présence qui est grandement influencée par sa démographie et l'importance de son marché ; cependant, son comportement vis-à-vis de Taïwan, par exemple, qu'elle menace par la force militaire, rend les autres pays d'Asie méfiants, notamment les pays de l'ASEAN où se trouve une nombreuse diaspora chinoise. La Chine a choisi une politique économique d'ouverture avec les pays asiatiques, y compris en important des produits agricoles pour apaiser ou dissiper les méfiances à son encontre. Le Japon,

---

[6] Article du journal Le Monde à propos de l'ouvrage intitulé *Japon, la fin d'une économie*, « ces deux [pays] ont des relations infernales ».

influencé par les actions chinoises, a commencé en toute hâte des négociations d'ALE avec les pays d'Asie du Sud-Est.

D'autre part, des économistes, des leaders d'opinion et des personnalités gouvernementales, ont très souvent déclaré que le Japon devrait être le leader de la coopération des pays asiatiques. Il est nécessaire d'arrêter une telle propagande et ce, pour que tous les partenaires puissent se trouver en positions égales. Dans tous cas, sans avoir établi au préalable un modus vivendi sino-japonais, et à cause du blocage dû à la politique d'ingérence mondiale américaine, il sera difficile, si ce n'est impossible, d'avancer et de réaliser une coopération économique et politique ayant pour objectif l'intégration économique régionale.

La condition essentielle est donc pour tous les pays d'Asie, notamment le Japon, de choisir et réaliser pas à pas leur indépendance réelle, économique et politique, y compris monétaire vis-à-vis du pouvoir de monopole américain, dirigé par la politique extérieure des Etats-Unis, concernant l'Asie. S'il est vrai que l'intégration politique est le dernier stade de l'intégration régionale, un processus de rapprochement économique est fortement influencé par l'élément politique, étant donné que l'intégration économique doit découler de la volonté politique des pays membres.

A ce stade, il faut aussi mentionner les mouvements et les objectifs des relations entre l'Europe et l'Asie. Les nouvelles stratégies déclarées par les pays de l'ASEAN à l'occasion de la Conférence Asie Europe, ont montré les six objectifs suivants :

- Contribution pour la paix et la sécurité de la région par l'élargissement des engagements de l'U.E.
- Renforcement du mouvement des échanges et des investissements, ainsi que du dialogue économique et financier.
- Promotion du développement des pays moins développés de la région.
- Protection des droits de l'homme et encouragement de la démocratie.
- Construction de l'association et de l'alliance entre l'U.E. et l'Asie par le Forum International.
- Consolidation de la présence de l'Europe en Asie et de l'Asie en Europe[7].

Chaque continent pourra en retirer des bénéfices. D'ailleurs pour bien équilibrer les relations internationales du monde entier, les deux parties devront avoir une très solide entente.

---

[7] Conférence à Tokyo les 23 et 24 mai 2002 sur le thème : «Economic Perspective of European Integration and Implication for Asia».

Les ALE japonais avec les pays émergents plus particulièrement avec les pays d'Asie de l'Est et du Sud-Est

Stagnation des ALE dans la région asiatique

Les pays d'Asie de l'Est et d'Asie du Sud-Est (ASEAN) n'ont pas montré beaucoup d'intérêt ni amorcé de mouvement pour signer des ALE, du moins par le moyen institutionnel de la coopération économique.

Leurs comportements ont été expliqués par :

- L'existence de différents stades de développement.
- La structure du commerce entre eux. En effet, le commerce intra-asiatique n'a pas été significatif pendant longtemps. Seules les relations commerciales avec les pays industrialisés tels que le Japon et les Etats-Unis étaient importantes.
- Chaque pays étant individuellement dépendant du pouvoir économique, monétaire et politique des Etats-Unis, les pays asiatiques étaient rivaux au niveau du commerce extérieur.

Le comportement du Japon, plutôt négatif vis-à-vis de la politique des ALE, pourrait être expliqué par les raisons suivantes :

- Au Japon, on considérait que les ALE risquaient de faciliter la discrimination envers les autres partenaires commerciaux et de former un marché international plutôt fermé.
- A travers les Accords de l'OMC, on considère qu'il était possible de poursuivre la libéralisation des échanges.
- L'APEC était bien considérée par le Japon, car il pensait pouvoir obtenir des résultats fructueux concernant les échanges et les investissements.

D'une manière générale, on a justifié le comportement japonais en disant que le Japon avait toujours accordé beaucoup plus d'importance à sa méthode multilatérale que bilatérale et on a observé qu'il y est resté fidèle dans une certaine mesure, pendant plusieurs années. Cependant, d'autres aspects du conservatisme japonais concernant la protection du secteur agricole étaient évidents et une dépendance totale vis-à-vis du marché américain était aussi en partie à l'origine de ce comportement.

Il existe de grandes différences entre l'Europe et l'Asie dans tous les domaines concernant les nations modernes ; cependant on peut observer une stratégie similaire au sujet des échanges internationaux. Donc, afin de clarifier la position des pays d'Asie de l'Est et de l'ASEAN, nous allons mentionner ici d'autres exemples.

On peut constater dans l'ensemble que le processus prévu par les pays d'Asie de l'Est et de l'ASEAN s'est réalisé ; ainsi, chaque pays a pris l'initiative de façon bilatérale et, par la suite, les pays membres se sont ralliés à un consentement multilatéral.

Néanmoins, dès le début de la tentative de conclusion des ALE, les pays asiatiques y compris le Japon, se sont retrouvés dans une situation inextricable ("noodles bowl") dans laquelle les accords entre les divers pays n'ont pas eu d'objectif commun[8].

Les pays asiatiques en faveur des Accords de Libre-échange

En Asie, les pays membres de l'ASEAN ont démarré la création de l'AFTA comme zone de libre-échange. La Chine a adopté une politique favorable à celle des pays de l'ASEAN y compris pour le commerce des produits agricoles.

En ce qui concerne le Japon, grandement influencé par le parti conservateur au pouvoir, il s'est toujours opposé aux barrières contre toute conclusion ou négociation sur les ALE.

Les responsables politiques, poussés par l'ensemble des producteurs agricoles, mais aussi par plusieurs groupes de fonctionnaires, médias et intellectuels, ont été contre la libéralisation des échanges des produits agricoles, tout particulièrement le riz.

Puis, brusquement, depuis 2003, les mouvements favorables aux ALE sont devenus très actifs dans les pays d'Asie et au Japon. Durant l'année 2003, quelque 500 articles relatifs aux ALE et pas moins de 90 articles spécialisés ont été publiés dans le journal Nikkei[9].

Ceci s'explique d'une part, par les stimulations venues de l'extérieur, telles que les résultats fructueux de l'U.E. et les avancées de l'ALENA (Accord de Libre-échange Nord Américain), mais aussi, d'autre part, par la naissance de mouvements favorables aux ALE dans les pays de l'ASEAN et en Chine.

Depuis le début de XXIème siècle, le Japon a été obligé de faire des efforts pour mettre en place un système de coopération régionale au moyen d'ALE, ayant constaté que d'autres régions du monde avaient remarquablement avancé les leurs. Ainsi, par exemple, alors qu'il existait déjà 158 ALE en 2003 sur le marché international, le Japon jusqu'à ce moment-là, n'avait signé qu'un seul ALE avec Singapour. Par la suite, il a conclu des accords sous la forme d'APE (EPA). Le Japon a officiellement déclaré sa volonté de faire avancer les négociations concernant les ALE, et sa position récente est décrite dans le tableau 7.2[10].

Étant donné que les Etats-Unis et la Chine avaient aussi pris des mesures positives avec les pays de l'ASEAN, le Japon ne pouvait pas rester en dehors de ces mouvements et a commencé tout récemment les négociations d'ALE avec les pays voisins.

L'opinion publique japonaise favorise dans l'ensemble ce mouvement, disant que l'on doit faire avancer la politique de libéralisation des échanges en vue de l'intégration économique régionale à venir. Au sein de la société civile, un groupe soutenu par l'association du patronat des entreprises industrielles a été formé pour faire progresser les ALE. On pouvait cependant deviner leur intention de protéger le monde industriel contre les

---

[8] Dans le journal de Nikkei du 1er mars 2006, Richard Edward Bal a proposé de créer une institution nommée «New East Asia Management Effort».

[9] Selon la recherche effectuée dans le journal Nikkei l'année 2003 avec le mot clé «FTA».

[10] Revue « Boeki to Kanzei », juillet 2006, pages 22-23.

barrières qui seraient opposées à leur activité exportatrice en réponse aux barrières japonaises sur les produits agricoles. Le Japon avait établi un programme pour 2006 et 2007 (cf. tableau 7.2).

En outre, le conseil économique du gouvernement japonais a accentué sa stratégie disant qu'avec la Thaïlande et les Philippines, la signature de l'accord serait réalisée dès que possible et qu'avec la Malaisie l'accord sera mis en œuvre.

Tableau 7.2 : Les ALE entre le Japon avec les Pays de l'ASEAN

1) ALE entre le Japon et les pays de l'ASEAN, la Chine et la Corée du Sud

	Catégorie et partenaire	Situation en juin 2006
A	**Accord bilatéral**	
	APE (EPA) avec Singapour	Effectif
	APE (EPA) avec la Malaisie	Signé
	APE (EPA) avec la Thaïlande	Arrivé au consentement
	APE (EPA) avec les Philippines	Arrivé au consentement
B	**Accord régional**	
	APE (EPA) avec l'ASEAN	Négociation en cours
C	**Accord bilatéral**	
	Accord pour des IDE avec la Chine	Négociation en cours
	APE (EPA) avec la Corée du Sud	Négociation suspendue

2) Programme des ALE pour 2006 et 2007

	Catégorie	Programme
A	**Accord bilatéral**	
	APE (EPA) avec l'Indonésie	Consentement mi-2006
	APE (EPA) avec le Vietnam	La négociation commencera
	APE(EPA) avec le Brunei	La négociation commencera
B	**Accord régional**	
	APE (EPA) avec l'ASEAN	La négociation se terminera en mars 2007
C	**Accord bilatéral**	
	Accord pour des IDE avec la Corée du Sud	La négociation doit être reprise
	APE (EPA) avec la Corée du Sud	La négociation doit être reprise

Source : Revue « Boeki to Kanzei », 2006, juillet, p. 22-23 (compilé par l'auteur).

Note : Concernant la situation des accords avec les pays dans ce tableau, les contacts du Japon avec les autres pays en dehors des pays d'Asie du Sud-Est et de l'Est sont exclus.

Changement de direction des Investissements Directs Extérieurs japonais de 1990 à 2002

Accroissement des réinvestissements dans les pays en développement

Le comportement des capitaux privés investis dans les pays en développement est traditionnellement marqué par la tendance à être orchestrés par les maisons mères ou leurs filiales directes, ce qui laisse peu d'autonomie au réseau local. Récemment, on a cependant noté l'indépendance croissante des filiales locales et ce, dans plusieurs domaines, incluant même le transfert des bénéfices ou la prise de décisions. La caractéristique majeure des IDE japonais réside dans l'augmentation des réinvestissements de leurs bénéfices dans les marchés locaux.

Augmentation de la production à l'étranger

Comme caractéristique des IDE japonais, on peut noter l'augmentation rapide de la production à l'étranger par rapport au marché intérieur.
Cette tendance est observable pour plusieurs secteurs de l'industrie manufacturière. Ceci s'explique premièrement par le coût élevé de la main-d'œuvre japonaise par rapport à celui des pays en voie de développement et aussi par les barrières du côté des pays qui importent des produits japonais.
Les progrès du rapprochement des pays asiatiques, dans le cadre de l'AFTA par exemple, signifient que l'industrie japonaise devra préférer la production sur place à l'exportation.

Même si les conditions de productivité des pays asiatiques étaient restées les mêmes, les nouvelles technologies telles que l'Information Technologique (IT) auraient exercé une influence sur la composition du secteur industriel. Lorsque dans leur ensemble les structures économiques et sociales d'une économie ne sont pas solides, elles ne peuvent s'adapter aux changements extérieurs sans cadre institutionnel. Ainsi, l'industrie manufacturière japonaise a, bon gré mal gré, choisi d'augmenter les taux de production dans plusieurs pays asiatiques. Cependant, au fur et à mesure que l'économie japonaise a montré des signes de redressement, les pays asiatiques ont également suivi cette tendance à la croissance, et les IDE japonais ont repris leurs mouvements à la hausse.
A partir du calcul ci-dessous, on arrive à la croissance du taux de production de ces dernières années, soit 29,7 % en 2003, 30 % en 2004 et 31,4 % en 2005. Cette tendance n'aurait pas été aussi significative dans les années quatre-vingt-dix.
Le taux de production des entreprises (exprimé en %) est égal au montant des ventes des entreprises japonaises à l'étranger divisé par le montant total des ventes et multiplié par 100.

Il est évident que, s'il y existait un cadre juridique le transfert des capitaux, entre les pays investisseurs et les partenaires qui reçoivent les investissements, en auraient été facilités. Dans le cas des pays de l'ASEAN et du Japon, il n'existe pas de système spécifique mis en place.

Préférences du marché pour les investissements japonais dans le secteur de l'industrie manufacturière

Analyse de changements récents

Les investissements étrangers sont classés en principe en deux catégories : IDE et investissements de portefeuille. Les premiers sont ensuite subdivisés en IDE de l'industrie manufacturière et non manufacturière. Ici, il nous faudra limiter le sujet d'analyse au secteur des IDE de l'industrie manufacturière afin de préciser un peu mieux le comportement des entreprises. En ce qui concerne le montant des investissements au cours des années quatre-vingt, l'investissement des industries non manufacturières a dépassé celui des industries manufacturières et il en est toujours de même en

2006. Les IDE japonais ont été en augmentation constante au cours des dix dernières années, soit de 1990 à 2002, excepté au moment de la crise monétaire et économique asiatique fin 1997 et en1998 (figure.7.1). Les IDE japonais des industries manufacturières ont préféré le marché chinois à partir de l'année 2000 (fig. 7.2). Cette tendance au changement rapide a été observée dans les mouvements de capitaux des autres pays avec une rapide augmentation pour la Chine et une baisse notoire pour l'ASEAN dès 1997 (fig. 7.3). Nous pouvons nous interroger sur cette différence. Même s'il y a, en 2006, une tendance pour des entreprises japonaises à plus se concentrer sur le marché intérieur que sur le marché international, on ne peut pas différencier les caractéristiques de l'investissement japonais de celui des autres pays industrialisés. A cause de la crise monétaire et économique asiatique ainsi que de la récession économique du Japon, à partir de 1997 les investissements ont baissé jusqu'en 2000 pour les pays de l'ASEAN et pour la Chine (cf. tableau 7.3).

La figure 7.4 montre la tendance de redressement des IDE japonais pour les pays d'Asie après 2002, avec une augmentation remarquable pour la Chine à partir de 2003 et pour l'ASEAN à partir de 2004. Les IDE japonais dans ces deux pays partenaires seront expliqués dans les paragraphes suivants.

Figure 7.1 : Investissements Directs Japonais en Chine et dans les dix pays de l'ASEAN de 1990 à 2002 Unité : milliard de yens

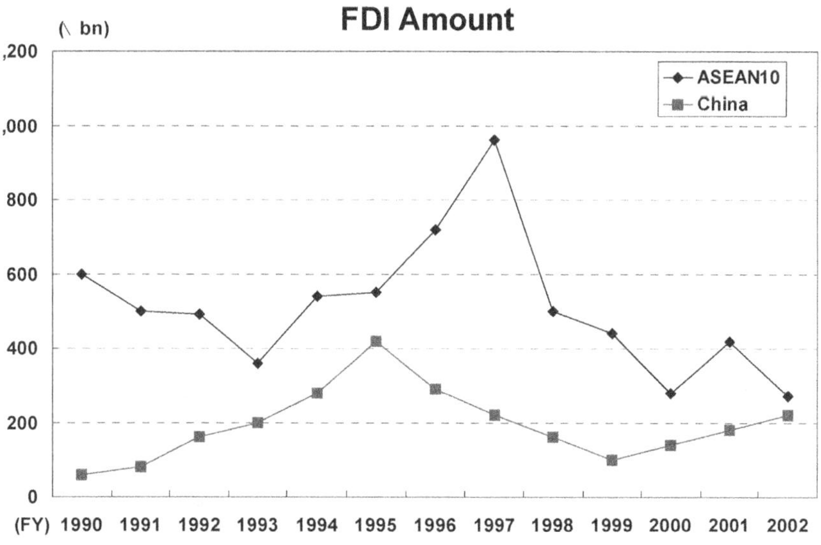

Source : JOI (Japan Institute for Overseas Investments), 2004, Bulletin de JOI, mars, Tokyo.

Figure 7. 2 : Investissements Japonais en Chine et dans les dix pays de l'ASEAN Unité : milliard de yens

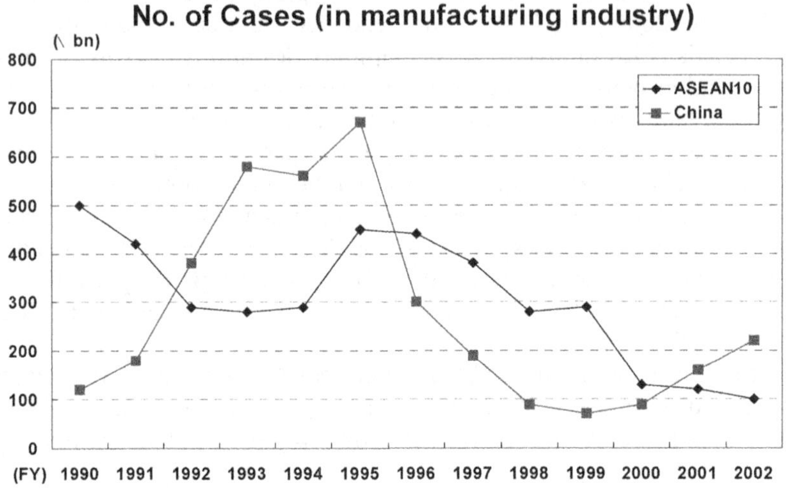

Source : Idem

Figure 7.3 : Investissements directs étrangers du monde en Chine et dans les dix pays d'ASEAN Unité : millions d'US dollars

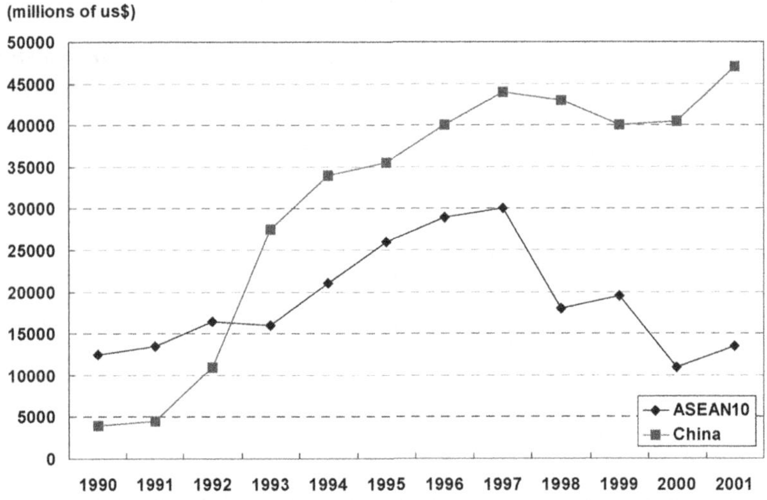

Source : JOI, 2004, Bulletin de JOI, juin, Tokyo.

Figure 7.4 : Investissements Directs Extérieurs japonais par région
Unité : cent millions de Yens

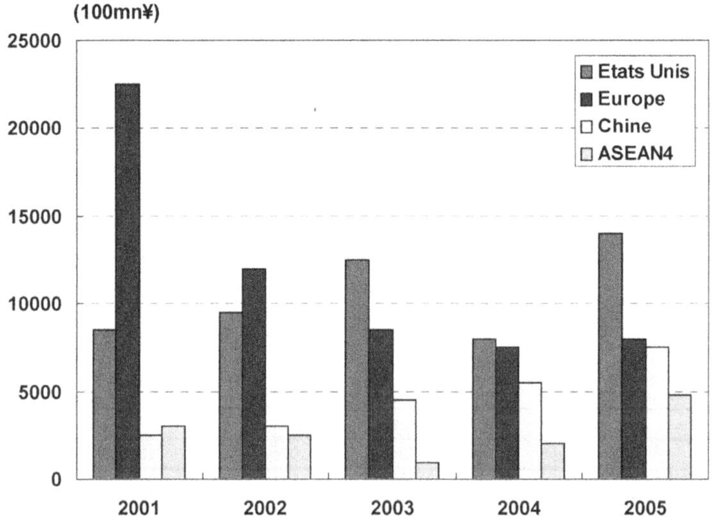

Source ; JOI, 2004, Bulletin de JOI, No.30, p. 23, juillet, Tokyo

L'option du marché chinois

Comme on l'a signalé ci-dessus, les entreprises de l'industrie manufacturière ont opté pour le marché chinois ; ceci est devenu évident surtout à partir de 2001 (tableau 7.3).

On a donc remarqué que les entreprises japonaises, tout particulièrement celles de l'industrie manufacturière, optaient pour s'orienter vers le marché chinois. Selon l'enquête effectuée par la Banque de Coopération Internationale du Japon, sur ces cinq dernières années, de 2001 à 2005, l'industrie manufacturière japonaise voit la Chine comme le meilleur marché pour ses investissements. Ses motivations résident dans la taille du marché, la main-d'œuvre moins chère que dans les autres pays d'Asie et le dynamisme de la croissance économique. Cependant, les entreprises japonaises ont rencontré un certain nombre de barrières en Chine, telles que l'insuffisance du système bancaire et l'absence de protection du savoir-faire.

On peut constater que les entreprises japonaises osent à présent avancer leurs pions sur les marchés à l'étranger si elles trouvent un marché prometteur même en l'absence de système juridico-légal approprié. Néanmoins, le gouvernement chinois a déclaré en 2004 qu'il allait mettre en place une politique plus prudente envers les investissements étrangers afin qu'ils ne deviennent pas excessifs.

Contribution à la croissance économique par secteur et position des IDE japonais dans l'ASEAN

Tableau 7.3 : Investissements Directs Extérieurs japonais par pays (Unité : 100 millions de yens)

(Unit; 100mn¥)

	1995	1996	1997	1998	1999	2000	2001	2002/I
Chine	4,319	2,826	2,438	1,363	838	1,099	1,802	1,132
ASEAN4	3,991	5,575	6,990	4,276	3,208	2,253	2,944	695
Indonesia	1,548	2,720	3,086	1,378	1,024	457	576	160
Thailand	1,196	1,581	2,291	1,755	910	1,034	1,102	348
Malaysia	555	644	971	658	586	256	320	57
Philippines	692	630	642	485	688	506	946	130
NIES	3,121	3,986	4,186	2,259	3,567	2,964	2,672	1,078
Singapore	1,143	1,256	2,238	815	1,073	468	1,223	355
Hong Kong	1,106	1,675	853	770	1,083	1,034	370	152
Taiwan	439	587	552	287	318	563	399	179
Korea	433	468	543	387	1,093	899	680	392
Asia Total	11,921	13,083	14,948	8,357	7,988	6,555	7,730	3,171
USA	21,845	24,789	25,486	13,207	24,868	13,413	7,970	3,804
Europe Total	8,281	8,305	13,749	17,937	28,782	26,974	13,228	9,533
Latin America	3,741	5,008	7,775	8,274	8,295	5,783	9,583	2,887
Total	49,568	54,094	66,229	52,169	74,390	53,690	39,548	20,808

Source : JOI, 2004, Bulletin de JOI, juin, Tokyo

Lorsqu'on examine la position récente des entreprises japonaises dans les pays de l'ASEAN, notamment en Thaïlande et en Malaisie, on observe que ces entreprises occupent une part importante dans l'économie des pays qui reçoivent ces investissements.

Concernant ces deux principaux pays, on peut remarquer une croissance moyenne après la crise asiatique de 1997. Le taux de croissance de leur PIB n'est pas aussi élevé qu'autrefois (de 1990 à 1995), mais la Thaïlande et la Malaisie ont retrouvé un rythme de taux de croissance économique annuel d'environ 5 à 7 % (voir la figure 7.5).

Examinons maintenant le taux de croissance et la contribution de chaque secteur dans la croissance du PIB (voir le tableau 7.4).

Dans les deux cas, la part de la contribution par secteur de l'industrie manufacturière a beaucoup plus augmenté comparée aux autres secteurs. Ensuite, quand on observe la part des entreprises japonaises dans ces deux pays on obtient les chiffres suivants (cf. tableau 7.5).

Fig. 7.5 : Taux de Croissance Economique du PIB en Thaïlande et en Malaisie

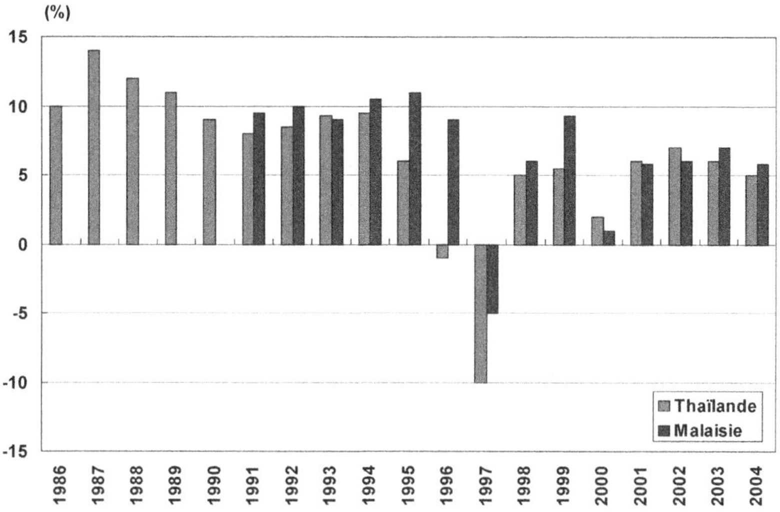

Source : JBIC (Banque Japonaise pour la Coopération Internationale), 2006, Bulletin de la JBIC, septembre, p. 23 ; (compilation effectuée par l'auteur).

Tableau 7.4 : Taux de croissance et de contribution économique par secteur, en Thaïlande et en Malaisie. Unité : Pourcentage et chiffres en monnaie locale (cf. note)

Secteur	Année	agriculture	mine& construction	Industrie manufacturée	Services	PIB
Thaïlande						
A. Part	1990	12.1%	10.0%	29.2%	48.7%	(1945)
	2005	8.6%	8.1%	38.9%	44.4%	(3846)
B. Taux de Croissance	1990-1995	3.3%	9.6%	11.0%	8.1%	8.6%
	2000-2005	1.4%	5.6%	6.4%	4.6%	5.0%
C. Contribution	1990-1995	4.6%	11.1%	37.3%	45.9%	100.0%
	2000-2005	2.8%	8.7%	46.5%	41.2%	100.0%
Malaisie						
A. Part	1991	14.8%	15.0%	25.4%	44.8%	(117)
	2005	7.8%	12.6%	29.3%	50.3%	(281)
B. Taux de Croissance	1991-1995	-0.3%	11.2%	11.1%	11.0%	9.6%
	2000-2005	3.3%	3.0%	4.2%	6.1%	4.9%
C. Contribution	1990-1995	-0.4%	17.6%	29.3%	51.3%	100.0%
	2000-2005	5.7%	8.4%	25.9%	59.3%	100.0%

Source : Journal of JBIC Institute, septembre 2006, p. 23, résumé par l'auteur. ; JBIC (Banque Japonaise pour la Coopération Internationale), 2006, Bulletin de la JBIC, septembre ; compilation effectuée par l'auteur.

Note : les chiffres entre ( ) du PIB de la Thaïlande sont donnés en milliards de baths, et ceux de la Malaisie en milliards de ringgits.

Tableau 7.5 : Part des entreprises étrangères et japonaises en Thaïlande et en Malaisie

Pays	Industrie totale		Industrie manufacturée	
	Entreprises japonaises	Entreprises étrangères	Entreprises japonaises	Entreprises étrangères
Thaïlande	16.6%	18.5%	27.9%	21.7%
Malaisie	8.8%	19.4%	9.2%	20.7%

Source : Idem au tableau 4 et compilation par l'auteur.

Note : le pourcentage rend compte de la moyenne des entreprises de tailles différentes.

De plus, il nous faut étudier le nombre d'emplois créés par les entreprises japonaises et le montant des ventes dans l'industrie manufacturière des deux pays (cf. tableau 7.6).

Tableau 7.6 : Nombre d'emplois et montant des ventes des entreprises japonaises en Thaïlande et en Malaisie pour l'année 2000

(Unité; nombre et million dollar)

secteur	Thaïlande		Malaisie	
	Emplois	Montants des ventes	Emplois	Montants des ventes
Textile	4.7%	8.6%	3.6%	12.5%
Chimie	22.1%	30.8%	14.6%	26.7%
Métallurgie	70.5%	90.6%	30.8%	37.7%
Machines	22.1%	34.0%	5.4%	5.6%
Électrique et électronique	45.1%	92.6%	40.8%	41.9%
Véhicules de transport	57.6%	81.1%	41.3%	88.2%
Machines de haute précision	60.0%	87.6%	21.2%	38.3%
Autres	4.5%	6.4%	4.7%	5.5%
Entreprises japonaises	(361,606)	(31,551.2)	(260,499)	(27,314.7)
% en total	15.6%	32.9%	16.5%	23.6%
Total	(2,318,753)	(95,827.5)	(1,574,797)	(115,790.7)
%	100.0	100.0	100.0	100.0

Source : Idem au tableau 4, p. 24-25, et compilation par l'auteur

Note : l'unité de l'emploi entre ( ) correspond au nombre de personnes. L'unité des montants des ventes entre ( ) est en millions de dollars américains.

L'analyse des activités des entreprises japonaises montre la position importante de la part des IDE japonais (cf. les tableaux et figures précédents). Dans leur ensemble, les investissements japonais ont été relativement bien accueillis par les pays partenaires, mais il faut dire qu'elles ont rencontré des difficultés relatives à l'emploi, la langue et les coutumes. Ainsi, le fondement à partir des IDE existe pour la préparation de l'intégration régionale dans cette région. Mais pourquoi était-il si difficile de prendre l'initiative et réaliser cette intégration régionale ?

Le rôle des ALE (Accords de Libre-échange) et des IDE (Investissements Directs Etrangers) dans l'intégration économique régionale asiatique

Le rôle conjoint des ALE et des IDE

Il nous faut tout d'abord clarifier la différence entre ALE et IDE : les ALE signifient que l'échange est encadré, tandis que les IDE représentent la totalité des actes d'investissements. Quand on discute des IDE, on aborde aussi les effets statistiques, les modalités et les stratégies Il faut admettre qu'il existe en théorie et en pratique une relation étroite entre les échanges commerciaux et les investissements ; les échanges commerciaux ont tendance à faire augmenter les investissements dans le pays partenaire où a lieu l'échange. Les investissements étrangers sur le marché international ont une expansion verticale et horizontale[11], l'expansion verticale pouvant être positive ou négative. Dans les stades de développement industriel d'un pays, les échanges évoluent en fonction des progrès d'industrialisation de ses partenaires.

Les ALE dans la future intégration économique

Nombreux sont les économistes qui ont déjà publié des ouvrages sur les désavantages et les avantages des ALE. Les désavantages se trouvent dans la baisse des revenus douaniers pendant certaines périodes et dans la diminution du choix des importations des pays en dehors du groupe des pays de l'ALE. Dans le cas des pays de l'ASEAN, il n'y a pas de risque de voir ces désavantages. En effet, lorsqu'ils ont installé une relation de libre-échange intérieur au sein du groupe de l'AFTA[12] (Zone de Libre Echange des pays de l'ASEAN), ils ont trouvé en même temps le moyen d'établir une relation individuelle avec un partenaire hors de leur groupe. Cependant, on ne pourra pas espérer beaucoup d'avantages dès le début des ALE, tant que ceux-ci n'auront pas progressé dans la région. En fait, la progression de la libéralisation des échanges entraînera leur augmentation ainsi que les IDE dans le marché des pays partenaires du libre-échange.

Cette relation entre les échanges et les investissements est considérée comme une action normale, très fréquemment observée dans le monde des

---

[11] L'intégration verticale signifie le regroupement de différentss stades de production et de distribution d'un même type de produits ou de services. L'intégration horizontale, ou encore concentration horizontale, s'applique à une activité économique de même niveau dans la chaîne de valeur des produits fabriqués.

[12] L'AFTA s'est donné pour objectif d'augmenter les investissements en Asie et de poursuivre la libéralisation des économies des pays de l'ASEAN

affaires. Cependant, les théoriciens japonais ont tendance à faire leurs recherches sur ces sujets en considérant qu'ils sont dissociés.
On a précisé plus haut que le Japon avait officiellement proclamé sa volonté de conclure des ALE et avait commencé les négociations avec les pays de l'ASEAN et la Corée du Sud, déjà en 2004, mais le Japon a été confronté à diverses barrières tarifaires ou non tarifaires. Ce mouvement a été considéré par les théoriciens comme une démarche initiale vers la libéralisation du circuit des capitaux et l'intégration économique régionale, quelle que soit sa forme future.

Il est évident que l'on ne peut pas espérer une intégration rapide uniquement au moyen des échanges commerciaux ; c'est-à-dire que les ALE ne pourront pas immédiatement avoir d'effet sur un éventuel marché commun. Pour faire avancer ce mouvement, le Japon a connu bien des difficultés, mais il lui faudra cependant faire avancer l'intégration régionale dans un avenir proche.

Le rôle des IDE japonais dans l'intégration économique régionale

On a déjà mentionné les deux aspects de l'évolution des tendances des IDE du Japon dans les dernières années. Du milieu des années 1980 à 1997, on peut distinguer une première période venant directement après 1985, quand le taux de change du yen s'était accru rapidement après les accords de Plaza (1985). Par conséquent les entreprises japonaises ont opté pour des investissements de capitaux sur les marchés à l'étranger. Durant une seconde période, après 1990, le marché intérieur japonais s'est contracté en raison de la récession économique qui a duré plus de dix ans. Ainsi, si on peut noter plusieurs éléments justifiant les IDE japonais à chaque période de « boom économique ». Cependant, on ne les retrouve pas dans cette volonté de développer l'intégration économique régionale. Néanmoins, plusieurs stratégies ont été adoptées puis appliquées aux marchés à l'étranger par les entreprises japonaises. Ainsi par exemple, la délocalisation des sous-unités de production ou sous-traitants japonais pour participer à l'intégration des marchés extérieurs a clairement montré la volonté de ces entreprises de se considérer comme faisant partie d'un grand marché intégré.

Le nombre croissant des IDE fait progresser l'intégration régionale

L'un des moyens pour mettre en œuvre l'intégration économique régionale est la libéralisation des investissements étrangers encourageant les entreprises étrangères, notamment les multinationales à investir sur un marché concerné. La théorie nous enseigne qu'un marché commun intégré accueille davantage d'investissements directs extérieurs par rapport à un autre marché.
Prenons l'exemple européen. Les statistiques concernant le montant total des investissements étrangers en Allemagne et en France montrent que ces deux pays reçoivent des capitaux étrangers grâce à leur libéralisation et non pas

seulement en fonction de leur poids économique. Ces investissements sont ainsi parmi les plus élevés dans le monde.
Les nouveaux pays industrialisés d'Asie de l'Est ont reçu les investissements directs étrangers sans opposer de barrières aux entreprises. Mais quand on ouvre sans limites la porte aux capitaux étrangers, on court alors le risque de laisser entrer des capitaux spéculatifs, comme ce fut le cas pour la Thaïlande avant la crise asiatique.
La libéralisation de l'accueil des investissements est positive dans le cas d'un pays en développement voulant encourager les activités industrielles. Mais puisqu'il existe presque toujours une différence entre les taux d'intérêt monétaires et la position monétaire d'un pays, les spéculateurs peuvent attaquer le pays qui adopte la libre circulation des capitaux et le système monétaire des changes avec un taux fixe.
Dans ce domaine, les pays européens ont eu une expérience très difficile, avec l'existence de l'eurodollar flottant sur le marché européen.
Pour protéger les pays, tout en accueillant des capitaux étrangers, ceux-ci peuvent prôner plusieurs solutions, évoquées dans la synthèse intitulée « Redressement économique des pays d'Asie du Sud-Est après la crise monétaire et économique »[13].
Comme expliqué précédemment, les IDE japonais se sont accrus en 2005 et leur part dans les pays de l'ASEAN s'est maintenue dans une position significative.

En ce qui concerne la monnaie, parmi les différentes solutions existantes, une méthode applicable aux pays d'Asie consiste à adopter un système de panier de change, c'est-à-dire que chaque pays asiatique participera au panier de monnaies, avec le dollar américain, l'euro, le yen. Une monnaie asiatique sera calculée à partir de l'ensemble des monnaies asiatiques participantes à ce panier. En effet, on constate très souvent que les investissements hésitent à être accueillis par un marché dont la monnaie n'est pas stable, même si ce marché est très intéressant au niveau commercial.
La fluctuation des capitaux étrangers a été beaucoup plus remarquable que la fluctuation des échanges internes à la zone asiatique. Les cinq pays de l'ASEAN qui effectuaient des échanges à l'intérieur de la zone avec une part de 14,2 % en 1976, ont augmenté celle-ci à 15,9 % (soit 1,7 % de plus) en 1986. Par conséquent, les économistes européens ont jugé que l'ASEAN n'avait obtenu quasiment aucun résultat dans le rôle qu'elle s'était fixé à savoir, participer économiquement aux échanges (comme l'avaient fait par exemple les pays de la CEE en passant de 30,1 % en 1958 à 45 % en 1968).
En outre, même si certains pays d'Asie ont accueilli de plus en plus de capitaux étrangers, ceux-ci ne résultent pas d'échanges intra-asiatiques. Ils

[13] Synthèse de Masayuki IMAI, remise et présentée à un colloque tenu à Tunis en juin 2002. Il a été suggéré plusieurs recommandations parmi lesquelles, le recours à la méthode du panier de change, et des critiques du fait que le Japon n'a pas encore internationalisé sa monnaie.

restent donc les pays en développement ayant des relations verticales spécifiques avec les pays avancés.
En 1987, ils ont cependant adopté la « Déclaration de Manille », selon laquelle ils ont opté pour encourager l'exportation des produits industriels suivant le plan de BBC (Brand to Brand). [14]De telles activités d'entreprises, en particulier pour les industries manufacturières, auront une influence directe positive sur le processus d'intégration économique régionale.

Conclusion

Jusqu'à la fin des années quatre-vingt-dix, en l'absence d'une forte motivation pour l'intégration économique régionale des pays d'Asie de l'Est et de l'ASEAN, on a quand même pu noter des résultats importants dans la régionalisation asiatique. Plusieurs causes ont été à l'origine de ces comportements mais, à partir de la crise monétaire et économique survenue en 1997, les pays asiatiques ont opté pour une coopération encore plus étroite entre eux.

Reconsidérant les ALE, souvent reconnus comme étant une première étape importante, les pays membres de l'ASEAN ainsi que la Corée du Sud, la Chine et le Japon ont entamé des négociations en 2006. Cependant, le Japon a été confronté à plusieurs barrières tarifaires ou non tarifaires du côté de ses partenaires.
Lorsqu'un accord bilatéral est conclu entre des partenaires, sans avoir de consentement unanime, les ALE se retrouvent dans une situation inextricable, souvent appelée « le bol de nouilles » (noodles bowl). Ainsi, aucune négociation n'a encore été entreprise sur la libre circulation des capitaux dans le système monétaire.
Cependant, théoriquement, les pays concernés en tireront certains bénéfices dans le secteur industriel étant donné qu'il devrait y avoir une importante création de flux commerciaux. Selon une enquête du METI effectuée en 2006, le monde industriel, en Chine, en Corée et au Japon, favorise donc la conclusion des ALE.
Les IDE dans cette région prendront diverses formes et directions. Les capitaux privés japonais des industries manufacturières continueront tout d'abord à élargir leurs activités sur le marché de la Chine et de l'ASEAN lorsque ces derniers auront une croissance économique plus importante que

---

[14] Le plan BBC explique brièvement que les entreprises japonaises du secteur automobile ont adopté une stratégie semblable aux multinationales et planifient de manufacturer leurs produits de façon concentrée dans différentss pays de l'ASEAN. Ainsi, Mitsubishi Automobile et Toyota ont installé leurs usines dans quatre pays (Thaïlande, Malaisie, Philippines et Indonésie), et Nissan dans 5 pays (les quatre précédents plus Taiwan). Leurs stratégies sont bien planifiées et, si la coopération interne de l'ASEAN se développe favorablement pour la division de leurs usines, les entreprises pourront faire progresser leurs productions segmentées à l'intérieur de chaque entreprise.

celle du Japon. Dans le même temps, les capitaux des nouveaux pays industrialisés augmenteront aussi leurs investissements lorsqu'ils auront une force concurrentielle internationale. Les entreprises non manufacturières pourront aussi implanter leurs activités à l'intérieur de la région. Même si les diverses entreprises de chaque pays ont un niveau différent, et même s'il n'y a pas forcément d'institutions formelles pour favoriser les investissements dans chaque pays de l'ASEAN et en Chine, le rythme des activités des entreprises influencera leur évolution. Donc selon l'auteur, dans la région asiatique, les IDE vont être motivés plutôt par l'ouverture des marchés et les meilleures conditions manufacturières que par quelque politique d'encouragement de l'industrialisation.

Un tel dynamisme créera en même temps une structure de faible résistance contre des risques facilement prévisibles, comme le changement rapide des industries, par exemple l'IT, l'excédent d'investissements ou encore la spéculation monétaire, etc.[15]. Enfin, une coopération étroite entre les pays membres sera la condition sine qua non pour éviter que de tels risques puissent rapidement se propager aux pays voisins.

Quand on essaie de retracer l'évolution des actions en faveur de la coopération économique de la région asiatique, on tâtonne à plusieurs reprises avant d'établir un lien entre elles.

La création et les avancées de l'AFTA par l'ASEAN sont considérées par les Etats-Unis comme des actes d'opposition à l'APEC. Au milieu des années quatre-vingt-dix, les pays membres de l'APEC, notamment le Japon, ont attendu les résultats de la libéralisation des échanges et des capitaux par le mécanisme de l'APEC ; cependant, quelques années après, on a découvert que leur attente avait été vaine. En effet, les pays membres de l'ASEAN, durement éprouvés par l'expérience amère de la crise asiatique, avaient opté pour un mécanisme incluant uniquement les pays asiatiques.

Cependant, dans les dites circonstances, l'attitude des pays de l'ASEAN reste assez ferme ; comme c'est le cas pour la Thaïlande par exemple, concernant la négociation des ALE avec le Japon étant donné que le Japon a adopté une politique conservatrice vis-à-vis des importations et respecte plus les volontés des Etats-Unis que celles des pays de l'ASEAN. Cette attitude a été critiquée au moment du sommet des pays d'Asie en décembre 2005 en Malaisie par des pays tels que la Nouvelle-Zélande et la Malaisie.

Un autre aspect défavorable au rapprochement des pays d'Asie de l'Est et d'Asie du Sud-Est réside dans la relation tendue entre la Chine et le Japon qui revendiquent l'une et l'autre le leadership d'une hégémonie asiatique.

---

[15] Début 2004, le gouvernement chinois a déclaré devoir baisser ses objectifs d'investissements afin d'éviter de dangereux excès.

En tenant compte de ces différents aspects, plus politiques qu'économiques, il faudra certainement plusieurs décennies avant d'atteindre un certain niveau d'intégration régionale. Mais cela deviendra peu à peu une obligation pour les parties concernées.

Bibliographie

Sources japonaises

AJIA CLUB, 2003, Ajia no Keizai Togo (l'intégration économique de l'Asie), *Bunshindo*, septembre.

AOKI T., 2006, Ajia no nakano Nihon (le Japon en Asie), *Nihon Keizai Shinbun sha*, septembre.

ARAI T., 2003, *ASEAN to Nihon* (l'ASEAN et le Japon), éd. Nicho Shuppan, Tokyo.

ITO O., 2005, Tsuka Kinyu Kiki to Higashi Ajia Keizai (Crise monétaire et financière et économie de l'Asie d'Est), *Shakai Hyoron sha*, mai.

IZAWA K., 2003, Euro tai dollar (Euro contre dollar), éd. *Surugadai Shuppan sha*, novembre.

KOHARA M., 2005, Higashi Ajia Kyodotai (Communauté de l'Asie de l'Est), *Nihon Keizai Shinbun*, septembre.

KOBAYASHI H., 2000, Nihon Kigyo no Ajia Tenkai (Développement des activités des entreprises Japonaises dans les pays asiatiques), éd. *Nihon Keizai Hyoron sha*, mars.

KONDO T., 2003, Ajia Kyotsu Tuka Senryaku (Stratégie de monnaie unique en Asie), *Sairyu sha*, octobre.

KUROYANAGI Y., 2005, Ajia Chiiki no Chitsujo to ASEAN no Chosen (Ordre de la région asiatique et défi par l'ASEAN), *Akashi Shoten*, août.

KUROYANAGI Y., 2003, *ASEAN 35 nen no Kiseki* (35 ans d'histoire de l'ASEAN), éd. Bunshindo, Tokyo.

MATSUNO S., 2006, *Higashi Ajia kyodotai heno Michi* (Passage vers la communauté de l'Asie d'Est), Bunshindo, Tokyo.

MIKI T., 2000, *Ajia Keizai to Chokusetsutoshi Sokushin Ron* (Économie asiatique et encouragement des IDE), éd. Mineruva Shobo, Tokyo.

MURASE T., 2000, *Ajia Antei Tuka ken* (Zone de monnaie stable en Asie), éd. Keiso Shobo, Tokyo.

NIHON KEIZAI SHINBUN, Ajia Chiiki Togo heno Mosaku (Orientation vers l'intégration régionale de l'Asie), *Nihon Keizai Shinbun*, sept. 2001.

ONISHI Y., 2005, *Ajia Kyotsu Tuka* (Monnaie unique en Asie), Sosu sha.

SHUKUWA J., 2006, Ajia Kinyu Shisutemu no Keizaigaku (Economie politique du système monétaire asiatique), *Nihon Keizai Shinbun*.

TAKITA K., 2006, *Higashi Ajia Kyodotai heno Michi* (Passage vers la communauté de l'Asie d'Est), Chuo Daigaku shuppan.

TANIGUCHI M., 2004, *Higashi Ajia Kyodotai* (Communauté de l'Asie de l'Est), Iwanami Shoten.

WATANABE T., 2004, Ajia Keizai Renkei no Jidai (Epoque de la coopération économique en Asie), *Toyo Keizai Shinpo sha*.

WATANABE T., 2005, Nihon no Higashi Ajia Senryaku (Stratégie du Japon vis-à-vis de l'Asie de l'Est), *Toyo Keizai Shinpo sha,* juillet.

Articles et revues

JBIC (Japan Bank for International Cooperation), 2006, Kaihatsu kinyu kenkyujoho, (Kokusai kyoryoku ginko), (*Journal of JBIC Institute*), Sept.

JOI(Japan Institute for Overseas Investment), 2006, *Kaigai Toyushi,* N° of May, June, Jul., Nov.

NKK (Nihon kanzei kyokai) (*Association des Douanes Japonaises*), 2006, Boeki to Kanzei, Jul.

Sources françaises et anglaises

ANDROUAIS A., 2002, Effet catalyseur des infrastructures dans les triangles de croissance : L'exemple de Singapour-Johore-Riau, éd. *Cahiers de l'association Tiers-monde,* mai, n° 17, pp. 99-116.

BALASSA B., 1961, *The Theory of Economic Integration,* Allen & Unwin, Londres,

CAMARA M., SALUDJIAN A., 2002, IDE Intégration régionale et développement : les exemples de l'ASEAN et du MERCOSUR, *Revue Tiers-monde,* 2002, tome XLIII.

COMMISSARIAT GÉNÉRAL DU PLAN, *L'Intégration régionale*, 2001, éd. De Boeck Université, (Préface de Claude AUROI). Bruxelles.

FRANK R., 2003, L'intégration de l'Europe, Traduit du japonais, Conférences d'avril 2000, Tokyo, éd. *Nihon Keizai Hyoronsha*, juin. 2003.

THE VIENNA INSTITUTE FOR INTERNATIONAL ECONOMIC STUDIES (WIIW), *Economic Perspectives of European Integration and Implication for Asia*, Conference, Tokyo, May 2002.

Chapitre 8

STRATEGIES DES MULTINATIONALES JAPONAISES :
Cas de l'industrie automobile

Shinji HASEGAWA

L'étude a eu pour objectif d'expliquer comment la stratégie des firmes japonaises de l'industrie automobile a évolué en Asie de l'Est, par rapport au développement de l'industrie automobile de cette région.
La stratégie des firmes est une adaptation aux changements de leur environnement, c'est-à-dire de la caractéristique de marchés, du changement de politiques des Etats, de la formation des pôles de compétitivité industriels, et de la mise en place des accords de libre-échange. Cette stratégie dépend aussi de l'accumulation des ressources internes à la firme.
Les firmes japonaises avaient adopté au cours des années soixante une stratégie « multidomestique » dans la région, mais ont souffert d'une certaine inefficacité dans la production causée par la faiblesse des marchés et de ce qui a été appelé la politique de localisation des pièces détachées.
A la fin des années quatre-vingt, elles ont changé de stratégie en vue de rechercher une plus grande efficacité au travers de la division internationale du travail (DIT) pour la fourniture intra-asiatique des pièces détachées.
Depuis l'année 2000, avec la constitution de l'AFTA (ASEAN Free Trade Agreement), les stratégies globales de DIT s'orientent vers la prise en compte, non plus seulement les pièces détachées, mais également des produits finis, c'est-à-dire des véhicules complètement fabriqués sur place.

Les déterminants des Stratégies de Firmes Multinationales de l'Industrie Automobile

L'interaction entre la dynamique de l'environnement et les ressources propres

La stratégie des firmes est déterminée par l'interaction entre la dynamique de l'environnement et leurs ressources propres. Dans l'industrie automobile, les principaux facteurs environnementaux déterminant le choix de localisation des firmes, sont les suivants :
- les forces centripètes : économies d'échelle, économies d'agglomération,
- les forces centrifuges : coûts de transport et de stockage, particularités des marchés (goûts de consommateurs, fiscalité, règles environnementales et de sécurité, conditions routières, politiques des Etats).

En ce qui concerne les ressources internes aux firmes, l'avantage des firmes japonaises de l'automobile par rapport aux concurrents occidentaux porte sur un système de production « intégral ». Ce système intégral nécessite une coopération extrêmement solide entre les unités d'activité se trouvant non seulement à l'intérieur d'une firme mais aussi entre les firmes partenaires (c'est le système du keiretsu). Ceci va donc renforcer l'effet d'agglomération.

Le transfert international du système de production est la clef du succès de l'implantation à l'étranger des firmes japonaises. Une fois que ce système est établi en une base d'activité, il devient une composante importante des avantages compétitifs qui appuient l'ensemble du réseau multinational. Les stratégies internationales des firmes japonaises dépendent donc fortement de leur expérience et leur histoire (« Path-dependent »).

Développement de l'Industrie Automobile dans les Pays d'Asie de l'Est

Jusqu'à la crise financière de 1997[1], la production automobile avait augmenté dans les pays d'Asie de l'Est (cf. graphiques 1 et 2). Elle avait surtout augmenté en Corée du Sud, le niveau de production de 1996 étant 22,8 fois plus important que celui de 1980. Dans l'ASEAN à quatre pays[2], la Thaïlande avait la croissance la plus forte, soit 7,7 fois de plus qu'en 1980.

La crise financière en 1997 a réduit la demande intérieure de la Corée du Sud et des pays de l'ASEAN à quatre et donc le nombre de véhicules produits par rapport aux ventes a brutalement diminué ; les firmes automobiles ont dû alors faire face à des taux d'opérations en forte baisse. L'impact de la crise sur la Corée du Sud a été temporaire, mais pour que les pays de l'ASEAN puissent sortir de la crise, il a fallu attendre plusieurs

---

[1] La crise financière débute par la dévaluation du bath thaïlandais en juillet 1997, se propage en Indonésie et en Malaisie, et dans une moindre mesure dans les autres pays d'Asie du Sud-Est.

[2] L'ASEAN à quatre pays : la Thaïlande, la Malaisie, l'Indonésie et les Philippines.

années et ce ne fut qu'en 2001 que la Malaisie regagna son niveau de 1996 et 2002 pour la Thaïlande.
Depuis 2002, la production thaïlandaise s'est fortement accrue et en 2005 elle fabriquait 1,12 million de véhicules. La Thaïlande est le seul pays parmi les pays de l'ASEAN à connaître une forte croissance depuis 2002, à l'inverse, les Philippines sont restées assez longtemps à un taux de croissance plus faible.

La figure 8.3 montre que la production automobile des pays de l'ASEAN à quatre pays est pratiquement réalisée par les firmes japonaises, à l'exception de la Malaisie, où les fabricants autochtones comme Proton (associé à Mitsubishi Motors)[3] et Perudoa (associé à Daihatsu), dominent plus de 60% du marché intérieur. Cela implique une influence des stratégies des firmes multinationales japonaises sur le développement de l'industrie automobile de la région.

Depuis les années 2000, la Chine apparaît comme un grand pays producteur de l'automobile, comme le montre la figure 8.1, grâce à la forte demande de son marché intérieur, accentué par la baisse des prix en raison de son intégration dans l'OMC (Organisation Mondiale du Commerce). La production chinoise en 2005 atteignait 5,7 millions de véhicules, soit un niveau équivalent à celui de l'Allemagne, et c'est la consommation domestique qui absorbe la plupart de cette production.

Après avoir émergé de la crise financière, la différence entre les pays de l'ASEAN s'explique par la croissance des exportations de véhicules[4] (cf. figure 8.4). Faisons remarquer les performances exceptionnelles des exportations thaïlandaises de véhicules de 1997 à 2005 ; ces exportations avoisinaient 14 000 véhicules en 1996, et près de 440 000 en 2005, soit une multiplication par trente en neuf ans. Le taux d'exportation de 2,5 % en 1996 passe à 43 % en 1998, puis s'établit entre 30-40 % dans les années suivantes. Les principaux modèles exportés sont des Pickups (petits camions remorque) [5] à destination des pays européens. Non seulement l'effet d'agglomération de l'industrie d'automobile en Thaïlande se démontre, mais il faut aussi signaler la caractéristique « globale » du pick-up qui s'adapte facilement aux marchés étrangers. Ceci explique la croissance fulgurante des exportations thaïlandaises.

Les ventes sur le marché intérieur thaïlandais stagnent, le niveau de 2003 (533 000 véhicules) est encore inférieur à celui de 1996 (589 000). Mais

---

[3] La firme Proton a été créée en 1985 par la volonté politique du Premier Ministre Mahatir pour doter la Malaisie d'un constructeur automobile. La firme a été lancée grâce à l'appui de Mitsubishi Motors, qui détenait 16% des actions et fournissait le procédé de fabrication et des pièces détachées essentielles, comme les moteurs. En 2004, Mitsubishi a vendu toutes ses actions pour stopper son alliance avec Proton.

[4] La fabrication d'un véhicule va des contraintes de production, du regroupement des différents composants d'un produit fini, de son procédé d'assemblage jusqu'à la sortie d'usine.

[5] Le « pickup » truck (petit camion) est un véhicule commercial de poids léger. Les consommateurs ont des goûts globalement homogènes en matière des pickups par rapport aux véhicules de tourisme.

c'est la croissance des exportations qui a permis le rétablissement de l'industrie automobile thaïlandaise. Les firmes japonaises implantées en Thaïlande ont joué un rôle décisif dans cette évolution (cf. figure 8.5).

Figure 8.1 : Production automobile dans deux pays d'Asie de l'Est et dans les pays de l'ASEAN à quatre pays de 1980 à 2005 Unité : Nombre de véhicules

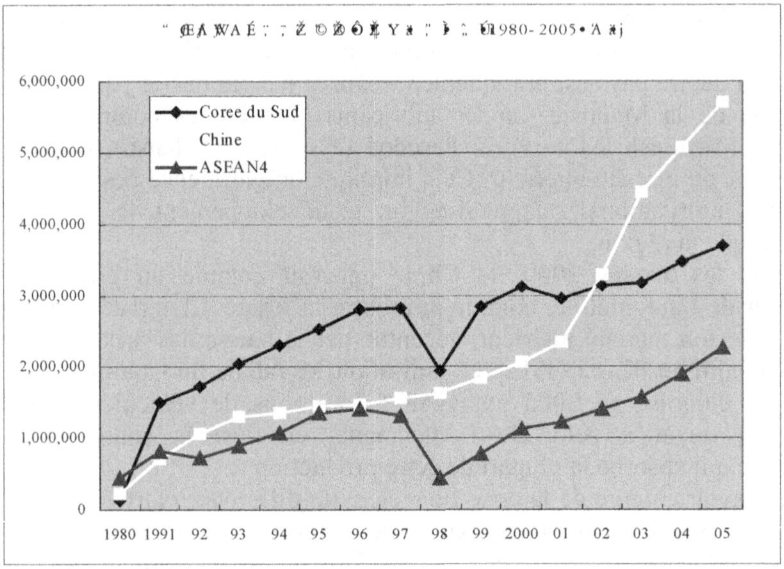

Figure 8.2 : Production d'Automobiles dans quatre pays de l'ASEAN 1980-2005 Unité : Nombre de véhicules

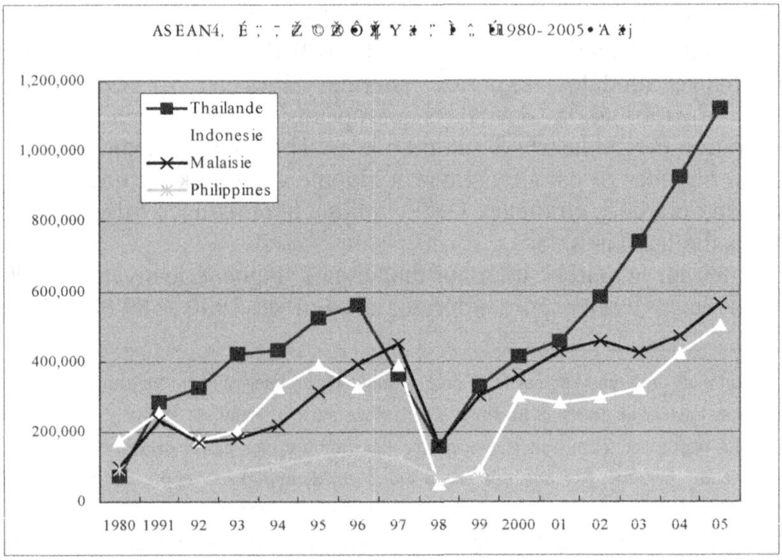

Source : figures établies par l'auteur à partir des données de la base FOURIN "Industrie Automobile en Asie" de 1981 à 2006.

Figure 8.3 : Parts de marché des différents producteurs par pays en Asie de l'Est en 2003 Unité : Pourcentage

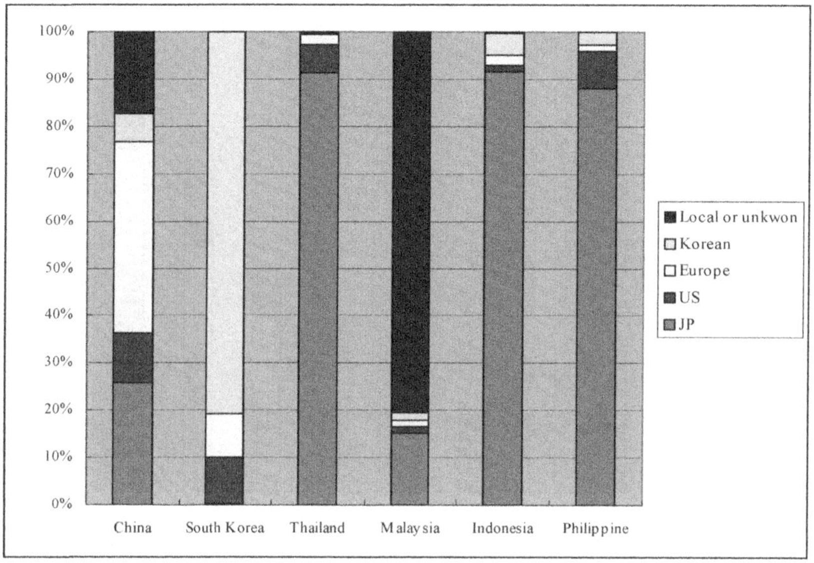

Source : Mori M. (2004), « Guro-baru shikou wo tuyomeru wagakuni jidosha me-ka-no higasi-ajia senryaku », (Stratégies Globales des Firmes Japonaises de l'Automobile en Asie de l'Est), *RIM*, 4 (13).

Figure 8.4 : Évolution du taux d'exportation de véhicules dans les pays de l'ASEAN à quatre pays et la Chine de 1996 à 2005 Unité : Pourcentage

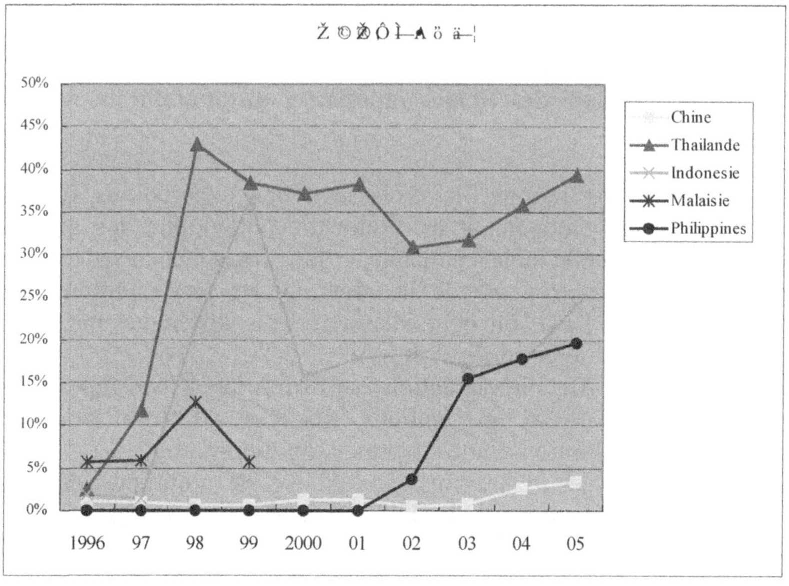

Source : Idem

Figure 8.5 : Evolution des exportations thaïlandaises de véhicules par firmes de 1996 à 2005 Unité : Nombre de véhicules

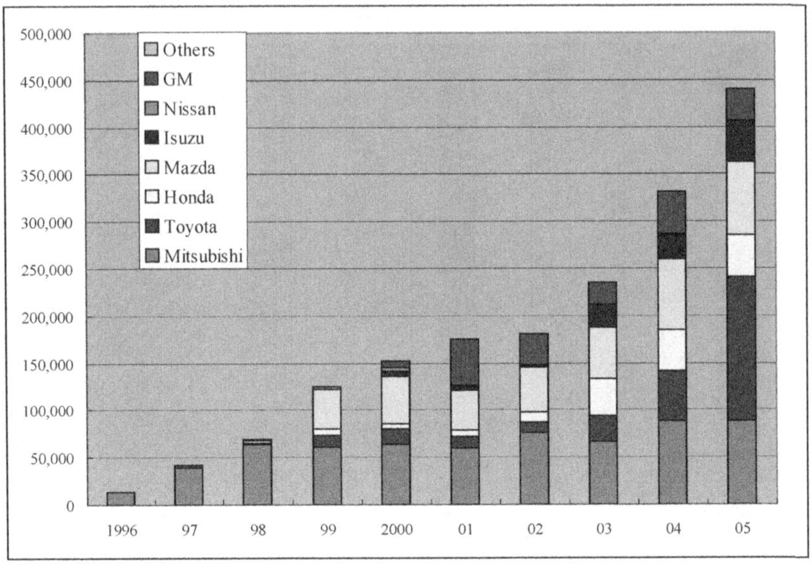

Source : Idem.

Mitsubishi avait commencé à exporter ses pickups même avant la crise, suivi de Mazda (Joint-Venture avec Ford) et Isuzu et Toyota augmente rapidement ses exportations de pickups ces dernières années. Pour les véhicules de tourisme, Honda a commencé à les exporter vers l'Australie, le Japon, et d'autres pays de l'ASEAN.

Evolution de la stratégie des firmes japonaises automobile en Asie de l'Est.

Comme nous l'avons montré, la croissance des exportations fut très importante dans le développement de l'industrie automobile des pays de l'ASEAN, notamment celle de la Thaïlande, et les firmes japonaises ont joué un rôle décisif. Pour ce qui est de la stratégie des firmes automobiles japonaises en Asie de l'Est, on peut identifier trois différentes phases au cours des cinquante dernières années :

- Dans les années 60 - 70 : l'implantation des firmes japonaises répond aux politiques de substitution aux importations, aux règles de localisation des pièces détachées et d'adoption d'une stratégie « multidomestique ».
- Depuis la fin des années quatre-vingt aux années 90 : politiques ouvertes ou orientées à l'exportation par la DIT intra-ASEAN (exportation des véhicules à l'extérieur de l'ASEAN, DIT intra-ASEAN de la production de pièces détachées).
- Depuis la fin des années quatre-vingt-dix : stratégie « globale » pour répondre aux exigences de l'AFTA (ASEAN FreeTrade Area). L'ASEAN

comme la base centrale : fournisseur des véhicules et des pièces détachées. Implantation rapide sur le marché chinois.

Stratégie « multidomestique »

La première phase correspond à la réponse aux politiques Etatiques de substitution aux importations et aux stratégies « multidomestiques ». *Dans les années 1960,* les firmes japonaises s'implantent dans les pays de l'ASEAN en réponse aux politiques de substitution aux importations et d'incitation aux investissements. Leur stratégie se caractérise fortement par un type « multidomestique ». Le mode d'implantation s'effectue sous forme d'assemblage de produits semi-finis (knock-down), le matériel provenant pour l'essentiel du Japon. Le système de joint-venture est choisi en raison des restrictions imposées aux capitaux étrangers, et en raison aussi de la volonté de devenir un producteur local. En cas de faible production, les firmes japonaises ont recours à la sous-traitance. Dès 1963, Nissan a été la première entreprise, avec une collaboration technologique locale, à assembler ses véhicules en Thaïlande, Toyota a eu ensuite sa propre usine et la firme Mitsubishi, organisée en joint-venture, s'est implantée l'année suivante.

Sur un marché de petite taille, avec de nombreux producteurs, le volume moyen de production est très faible pour une seule firme, d'où une production par usine peu rentable. Chaque entreprise japonaise a été obligée d'avoir une usine dans chaque pays afin d'éviter les fortes taxes douanières sur les véhicules à la sortie d'usine, ce qui a provoqué des doublons régionaux. Ceci a produit un cercle vicieux, en effet, le coût élevé entraîne un prix élevé, provoquant une stagnation de la demande, maintien de faibles volumes de production et ainsi, le coût reste à un niveau élevé (figure 8.6).

Figure 8.6: Cercle vicieux entre coût, prix, demande, et production

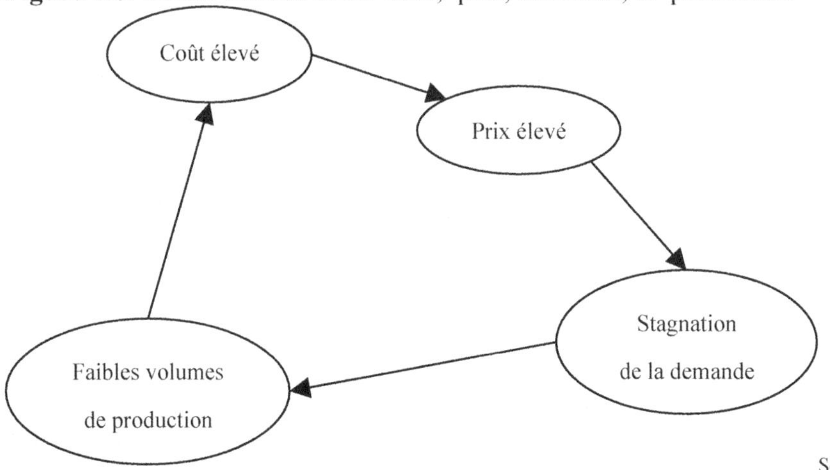

Source

: Schéma établi par l'auteur.

Dans les années soixante-dix, les Etats imposent des règles de localisation de pièces détachées. En Thaïlande, par exemple, le taux de localisation des pièces devait atteindre plus de 25 % en 1974, il s'accroît à 60 % et 65 □ en 1988. Ces règles imposées aux firmes étrangères implantées sur place permettent de surmonter une baisse de l'efficacité, notamment dans la production des pièces détachées où les économies d'échelle jouent un rôle considérable.

Pour satisfaire aux règlements, les firmes japonaises ont été forcées de développer une industrie de pièces détachées de l'automobile en Thaïlande (formation du « cluster » industriel, ou pôle de compétitivité, et profit de l'effet d'agglomération), en prenant les mesures suivantes :

- Appel aux sous-traitants japonais
- Formation technologique des sous-traitants locaux

On estime qu'il y a eu compensation, dans une certaine mesure, aux désavantages dus à la perte des économies d'échelle par un gain d'agglomération.

La DIT intra-ASEAN des pièces détachées

La deuxième phase est le développement de la DIT (Division Internationale du Travail) à l'intérieur des pays de l'ASEAN pour les pièces détachées. C'est une réponse d'une part, aux politiques orientées vers l'exportation, d'autre part, à la déréglementation du secteur automobile.

En Asie, la demande augmente en raison de la forte croissance économique de *la fin des années quatre-vingt*, les firmes automobiles sont ainsi obligées d'accroître leur capacité de production.

De surcroît, la déréglementation évolue très rapidement *dans les années quatre-vingt-dix*, les Etats abolissent les mesures d'interdiction des importations de produits finis, suppriment les restrictions sur le nombre de modèles, abaissent les tarifs douaniers et autorisent de nouveaux entrants et de nouvelles usines.

En 1988, le système BBC (Brand-to-Brand Complementation)[6], permet la circulation des pièces détachées entre les quatre pays de l'ASEAN et donc la DIT des pièces détachées. De ce fait, la double barrière – barrières tarifaires et règles de localisation – est devenue surmontable. Le BBC devient en 1996 le système AICO (ASEAN Industrial Cooperation) qui permet, non seulement aux firmes automobiles mais aussi aux fabricants de pièces détachées, avec un tarif douanier maximum de 5%, de développer la DIT intra-régionale. En fait, l'échange intra-ASEAN des pièces détachées s'est accru avec l'évolution de la libéralisation et l'introduction des systèmes BBC/AICO. Le pourcentage de l'exportation des pièces détachées dans

---

[6] Le BBC était un projet en vue d'établir un système pour compléter la production et la distribution des pièces détachées de l'automobile à l'intérieur de l'ASEAN, à l'aide d'un taux dégressif sur l'échange de pièces détachées intra-firme/intra-région et en faveur d'un fonctionnement flexible des règles de localisation.

l'ensemble des exportations intra-ASEAN à quatre pays s'est accru de 17% dans la période 1996-1999, avec une moyenne de 27,5% en 2000-2002, et de 29% en 2003-2005. Bien que la part du commerce intrarégional reste sensiblement inférieure à celle de l'Union européenne ou de l'ALENA, elle gagne constamment du terrain. Parmi les pays de l'ASEAN, c'est l'Indonésie et les Philippines qui dépendent le plus de l'exportation dans cette région (cf. tableau 8.1).

Quant à l'importation de pièces détachées en provenance des autres pays de la région, celle-ci est en augmentation pour tous les pays de l'ASEAN. Pour la Malaisie aussi, la part du commerce intrarégional augmente et atteint 58 % en 2003-2005.

Les importations de pièces détachées en provenance du Japon occupent une place importante, à l'exception de la Malaisie. Ceci s'applique particulièrement en Thaïlande et en Indonésie. En effet, ces deux pays, en tant que centres fournisseurs de véhicules sur le marché global (Thaïlande) et régional (Indonésie), dépendent beaucoup de pièces détachées fabriquées au Japon, et ainsi elles se doivent de maintenir leur niveau de compétitivité dans la concurrence internationale ou régionale.

Le développement du commerce intrarégional de pièces détachées s'est développé avec l'établissement des firmes japonaises (notamment Toyota et Honda) en apportant ainsi la « complémentarité mutuelle » à l'intérieur des quatre pays de l'ASEAN (cf. Tableau 8.4) ; cette complémentarité se situe donc au niveau intra-firme.

Tableau 8.4 : La DIT dans les quatre pays de l'ASEAN - pièces détachées des usines Toyota et Honda -

	Thailande	Malaysie	Indonesie	Philippines
Toyota	Diesel engine Ssteering column Body Panel	Steering Gear Wiper-arm	Petrol engine Door-lock Clutch	Manual transmission Constant Velocity Universal Joint
Honda	Press manufactured products Meter Lights	Bumper Dashboard Constant Velocity Universal Joint	Cylinder block Automatic transmission Engine valve	Manual transmission Aspiration/ exhaust related parts

Source : Tableau établi par l'auteur à partir des différents articles de journaux locaux de 1997 à 2006.

Tableau 8.5 : Exportations de véhicules des quatre pays de l'ASEAN par pays de destination et de marchandises Unités : % et millions US dollars

Thailand: Exports to

Thailand	Period	Intra-ASEAN 4				China	Japan	US	EU25	Others	World (millions of
			Indonesia	Malyasia	Philippine						
Passenger	1996-99	0.2%	0.1%	0.1%	0.0%	0.1%	0.6%	0.0%	6.3%	92.7%	91.767
Car	2000-02	2.7%	2.4%	0.2%	0.1%	1.8%	12.0%	0.0%	55.1%	28.4%	469.967
(HS8703)	2003-05	39.4%	23.9%	3.4%	12.1%	0.7%	6.8%	0.0%	3.1%	50.0%	1350.846
Commercia	1996-99	0.6%	0.0%	0.0%	0.6%	0.0%	0.4%	0.3%	53.3%	45.3%	895.793
l Car	2000-02	3.4%	1.0%	1.9%	0.6%	0.0%	0.1%	0.0%	43.0%	53.4%	1354.155
(HS8702, 04)	2003-05	4.0%	2.8%	0.3%	1.0%	0.0%	3.7%	0.0%	32.2%	60.0%	2518.910
Parts	1996-99	8.1%	0.8%	3.6%	3.6%	1.3%	31.0%	19.0%	17.9%	22.7%	286.255
(HS8708)	2000-02	22.5%	6.0%	11.3%	5.3%	0.7%	26.8%	11.9%	13.5%	24.5%	540.207
	2003-05	25.9%	9.0%	14.1%	2.8%	2.5%	18.6%	7.6%	7.5%	37.9%	1496.778

Indonesia: Exports to

Indonesia	Period	Intra-ASEAN 4				China	Japan	US	EU25	Others	World (millions of
			Thailand	Malyasia	Philippine						
Passenger	1996-99	40.1%	10.8%	27.5%	1.8%	0.0%	2.0%	0.3%	2.3%	55.3%	18.850
Car	2000-02	38.7%	37.8%	0.9%	0.1%	0.0%	19.6%	0.1%	1.1%	40.4%	11.065
(HS8703)	2003-05	75.1%	46.4%	16.7%	12.0%	0.0%	1.3%	0.0%	0.2%	23.3%	138.852
Commercia	1996-99	25.8%	0.2%	1.0%	24.6%	0.0%	0.3%	0.7%	2.3%	70.9%	24.763
l Car	2000-02	3.7%	1.5%	2.0%	0.2%	0.2%	1.2%	1.3%	6.0%	87.6%	14.501
(HS8702, 04)	2003-05	4.4%	0.8%	3.4%	0.3%	1.1%	10.5%	1.3%	2.6%	80.1%	10.415
Parts	1996-99	26.4%	5.1%	9.0%	12.3%	0.0%	17.5%	23.0%	10.7%	22.3%	90.497
(HS8708)	2000-02	36.1%	7.7%	12.8%	15.5%	0.5%	21.8%	15.2%	6.2%	20.2%	255.029
	2003-05	37.0%	11.4%	17.1%	8.5%	4.2%	22.2%	8.1%	13.4%	15.0%	557.001

Malaysia: Exports to

Indonesia	Period	Intra-ASEAN 4				China	Japan	US	EU25	Others	World (millions of
			Thailand	Malyasia	Philippine						
Passenger	1996-99	1.0%	0.4%	0.5%	0.1%	0.0%	0.3%	0.1%	61.0%	37.5%	177.521
Car	2000-02	4.5%	0.6%	3.8%	0.2%	0.2%	0.1%	0.1%	38.2%	56.9%	76.641
(HS8703)	2003-05	7.1%	2.3%	4.7%	0.1%	0.4%	1.5%	0.1%	25.6%	65.3%	85.640
Commercia	1996-99	8.6%	0.9%	2.8%	4.9%	0.0%	0.4%	22.6%	15.8%	52.6%	26.013
l Car	2000-02	31.3%	2.4%	28.8%	0.0%	0.0%	0.0%	2.1%	2.6%	64.0%	8.781
(HS8702, 04)	2003-05	7.6%	0.2%	6.0%	1.3%	0.3%	0.1%	0.8%	11.4%	80.0%	24.765
Parts	1996-99	22.7%	15.6%	2.6%	4.4%	0.8%	9.9%	6.1%	11.2%	49.3%	84.654
(HS8708)	2000-02	30.4%	16.2%	9.6%	4.6%	1.6%	7.6%	6.4%	9.8%	44.3%	138.379
	2003-05	28.9%	20.0%	6.5%	2.4%	3.3%	6.7%	5.1%	8.2%	47.8%	283.239

Philippines: Exports to

Philippines	Period	Intra-ASEAN 4				China	Japan	US	EU25	Others	World (millions of
			Thailand	Indonesia	Malaysia						
Passenger	1996-99	1.3%	0.2%	0.1%	1.0%	0.6%	10.5%	2.8%	5.8%	79.0%	2.305
Car	2000-02	88.1%	68.3%	17.9%	1.9%	3.4%	0.9%	2.0%	1.2%	4.4%	9.235
(HS8703)	2003-05	98.0%	78.7%	14.5%	4.8%	0.0%	0.4%	0.0%	0.1%	1.4%	160.199
Commercia	1996-99	0.7%	0.0%	0.6%	0.1%	12.3%	66.7%	4.3%	1.9%	14.1%	5.601
l Car	2000-02	8.1%	7.8%	0.3%	0.0%	9.8%	28.4%	0.0%	0.0%	53.7%	3.297
(HS8702, 04)	2003-05	31.9%	8.4%	0.0%	23.5%	0.0%	1.2%	28.1%	0.1%	38.7%	5.285
Parts	1996-99	20.3%	15.4%	3.0%	1.9%	0.2%	16.7%	11.7%	40.8%	10.4%	379.594
(HS8708)	2000-02	27.6%	20.1%	4.6%	2.9%	0.8%	22.7%	9.6%	31.0%	8.3%	649.396
	2003-05	29.1%	22.5%	4.1%	2.5%	1.0%	24.0%	11.8%	25.5%	8.7%	1151.952

Source : Tableau établi par l'auteur à partir des données du *World Trade Atlas, 1997-2006.*

Tableau 8.6 : Importations de véhicules des quatre pays de l'ASEAN par pays d'origine et marchandises Unité : Pourcentage et millions US dollars

Thailand: Imports from (%, millions of dollars)

Thailand	Period	Intra-ASEAN 4				China	Japan	US	EU25	Others	World (millions of
			Indonesia	Malyasia	Philippine						
Passenger	1996-99	8.0%	2.3%	2.6%	3.1%	0.0%	63.4%	10.8%	12.8%	5.0%	281.125
Car	2000-02	7.4%	2.5%	0.1%	4.8%	0.0%	42.4%	1.5%	39.2%	9.5%	220.523
(HS8703)	2003-05	55.3%	18.7%	0.0%	36.6%	0.1%	21.7%	1.7%	19.8%	1.2%	369.407
Commercia	1996-99	0.0%	0.0%	0.0%	0.0%	0.0%	67.0%	16.2%	13.5%	3.3%	55.497
l Car	2000-02	0.0%	0.0%	0.0%	0.0%	0.0%	62.3%	4.0%	21.4%	12.3%	133.934
(HS8702, 04)	2003-05	0.1%	0.0%	0.0%	0.0%	0.4%	72.9%	1.8%	16.1%	8.8%	182.778
Parts	1996-99	6.2%	0.0%	0.8%	5.4%	0.3%	79.3%	3.4%	6.0%	4.8%	457.378
(HS8708)	2000-02	9.1%	0.0%	1.5%	7.5%	0.1%	65.9%	1.9%	16.1%	6.9%	1481.685
	2003-05	11.0%	0.0%	2.5%	8.5%	0.7%	68.4%	1.7%	10.7%	7.5%	2451.105

Indonesia: Imports from (%, millions of dollars)

Indonesia	Period	Intra-ASEAN 4				China	Japan	US	EU25	Others	World (millions of
			Thailand	Malyasia	Philippine						
Passenger	1996-99	1.2%	0.3%	0.9%	0.0%	0.1%	23.8%	1.6%	36.7%	36.7%	138.746
Car	2000-02	2.7%	2.2%	0.1%	0.5%	0.2%	25.8%	4.2%	31.1%	35.8%	157.927
(HS8703)	2003-05	69.2%	65.1%	0.0%	4.2%	0.0%	15.6%	0.7%	7.7%	6.7%	483.184
Commercia	1996-99	0.3%	0.3%	0.0%	0.0%	0.1%	27.1%	30.0%	22.4%	20.2%	238.789
l Car	2000-02	6.0%	5.6%	0.3%	0.0%	0.2%	28.7%	36.4%	13.4%	15.4%	205.417
(HS8702, 04)	2003-05	14.9%	14.8%	0.1%	0.0%	1.0%	33.3%	22.7%	14.2%	14.0%	448.564
Parts	1996-99	2.0%	0.5%	0.7%	0.9%	0.2%	76.4%	4.8%	6.0%	10.5%	825.492
(HS8708)	2000-02	6.3%	3.3%	1.6%	1.3%	0.7%	70.7%	3.7%	5.4%	13.3%	966.492
	2003-05	13.1%	9.9%	1.2%	2.0%	1.3%	68.6%	1.8%	5.6%	9.6%	1062.918

Malaysia: Imports from (%, millions of dollars)

Indonesia	Period	Intra-ASEAN 4				China	Japan	US	EU25	Others	World (millions of
			Thailand	Malyasia	Philippine						
Passenger	1996-99	0.1%	0.0%	0.1%	0.0%	0.0%	83.8%	0.5%	13.7%	2.0%	957.776
Car	2000-02	0.1%	0.1%	0.0%	0.0%	0.0%	81.6%	0.1%	13.2%	4.9%	963.308
(HS8703)	2003-05	2.3%	1.7%	0.5%	0.1%	0.0%	59.3%	0.1%	14.0%	24.3%	1195.349
Commercia	1996-99	1.6%	0.0%	1.6%	0.0%	0.0%	81.0%	1.7%	13.5%	2.2%	266.761
l Car	2000-02	1.3%	0.8%	0.4%	0.0%	0.0%	88.3%	0.5%	3.9%	6.0%	233.856
(HS8702, 04)	2003-05	3.6%	3.6%	0.0%	0.0%	1.7%	83.3%	0.2%	3.2%	8.1%	401.618
Parts	1996-99	16.1%	7.4%	6.9%	1.8%	0.7%	45.9%	2.5%	20.9%	14.0%	226.715
(HS8708)	2000-02	38.1%	24.4%	10.0%	3.7%	1.4%	34.0%	2.0%	11.9%	12.6%	299.764
	2003-05	57.9%	40.7%	14.3%	2.9%	1.8%	17.9%	0.7%	12.5%	9.2%	643.796

Philippines: Imports from (%, millions of dollars)

Philippines	Period	Intra-ASEAN 4				China	Japan	US	EU25	Others	World (millions of
			Thailand	Indonesia	Malaysia						
Passenger	1996-99	4.9%	3.6%	1.1%	0.2%	0.2%	68.1%	3.3%	5.6%	17.9%	241.560
Car	2000-02	12.3%	10.2%	1.4%	0.7%	2.5%	45.5%	8.3%	9.1%	22.4%	165.543
(HS8703)	2003-05	45.4%	43.0%	2.2%	0.2%	1.2%	32.9%	4.6%	5.5%	10.4%	248.007
Commercia	1996-99	7.9%	3.6%	4.1%	0.1%	0.1%	57.1%	6.6%	3.5%	24.8%	290.892
l Car	2000-02	15.7%	7.5%	7.9%	0.3%	0.2%	58.0%	7.3%	2.6%	16.1%	405.266
(HS8702, 04)	2003-05	28.3%	18.9%	9.3%	0.0%	1.4%	51.0%	3.0%	1.4%	14.9%	259.039
Parts	1996-99	7.8%	3.2%	2.6%	2.0%	0.8%	69.8%	4.9%	2.8%	13.9%	198.199
(HS8708)	2000-02	9.4%	4.3%	3.1%	1.9%	1.7%	72.1%	3.4%	1.7%	11.7%	249.929
	2003-05	9.0%	4.1%	3.8%	1.1%	1.6%	70.2%	7.5%	4.2%	7.5%	378.962

Source : Tableau établi par l'auteur à partir des données du *World Trade Atlas*, 1997-2006.

La nouvelle DIT et la stratégie « globale »

En 1992, les pays membres de l'ASEAN se sont entendus pour la création de l'AFTA (La Zone de libre-échange de l'ASEAN)[7] ainsi, les tarifs douaniers devaient être graduellement réduits à moins de 5 %, en mettant le CEPT (Common Effective Preferential Tariff)[8] en application. A la fin des années quatre-vingt-dix, trois crises vont accélérer le libre-échange : la crise financière (été 1997), ayant provoqué une chute radicale de la demande intérieure et donc du taux d'opération des établissements, a imposé aux firmes de ne pas dépendre uniquement du marché domestique.
L'intensification de la concurrence mondiale nécessite la réduction des coûts par mise en commun des pièces détachées et l'utilisation de plates-formes (ravitaillement sur le marché global entre autres), ainsi qu'une restructuration sectorielle à l'échelle mondiale (fusion-acquisitions internationales, alliances stratégiques).
Le boom des investissements directs étrangers (IDE) en Chine depuis l'année 2000 et la rivalité avec la Chine fait que la production automobile dans les pays de l'ASEAN augmente.
Contrairement aux systèmes BBC/AICO, pour le système de CEPT, les tarifs réduits seront appliqués non seulement aux échanges commerciaux de pièces détachées mais aussi aux véhicules. Les tarifs douaniers ayant été très élevés avant l'introduction du CEPT, d'une part pour les véhicules avec 80 % en Thaïlande, 45-80 % en Indonésie, et 120-300 % en Malaisie, d'autre part pour les pièces détachées à assembler pour les produits semi-finis avec 30 % en Thaïlande, 25-50 % en Indonésie et 42-80 % en Malaisie ; on peut s'attendre à ce que la baisse des tarifs à un niveau de moins de 5 % ait un impact considérable. Les firmes n'ont plus besoin d'obtenir l'assentiment auprès des gouvernements, donc de s'inquiéter d'un équilibre commercial entre les pays concernés.
La structure « duale » de l'industrie - type de stratégie d'industrialisation de substitution aux importations d'une part, et stratégie d'industrialisation orientée vers les exportations d'autre part – a été remise en cause notamment par le système CEPT, car les multinationales japonaises se sont délocalisées et ont réorganisé leur réseau régional de production. Ceci a accéléré l'échange intrarégional des véhicules mis sur le marché.

Conclusion

Les firmes multinationales japonaises pourront poursuivre la rentabilisation de leurs usines et l'amélioration de leur compétitivité, en bénéficiant des avantages spécifiques à la localisation (dotations des

[7] Elle entre en vigueur en janvier 2002 entre les 6 pays de l'ASEAN (Thaïlande, Indonésie, Malaisie, Singapour, les Philippines et Brunei).

[8] Le CEPT est une coopération parmi les pays de l'ASEAN afin réduire les tarifs intra-régionaux et éliminer les barrières non-tarifaires, pour une période de dix ans qui a pris effet au 1er janvier 1993.

facteurs, effet d'agglomération, économies d'échelle) et en diversifiant des modèles proposés sur les marchés à partir des approvisionnements réciproques pour les véhicules et les pièces détachées. La DIT à l'intérieur de l'AFTA fera partie du réseau global de production ainsi, la DIT intra-régionale évoluera parallèlement avec la restructuration du réseau mondial de production.

Les sites de production en Thaïlande par exemple, avec une forte tendance à exporter à l'extérieur de la région, se caractérisent de plus en plus par l'établissement d'une base en vue de fournir des véhicules sur le marché mondial. De là, non seulement, ils augmenteront leur capacité de production, et le mouvement s'accentuera pour établir un centre de développement des produits mondiaux (par exemple, le projet IMV chez Toyota[9]) ou pour transférer une partie de leur siège social (Honda) sur place.

En Indonésie, avec une intensité spécifique à l'exportation intrarégionale, les usines automobiles se positionnent plutôt comme base régionale.

Malgré le boom des implantations de firmes automobiles japonaises en Chine depuis l'an 2000 avec un réseau substantiel créé grâce à l'AFTA ne peut encore se former. Cependant, on observera sans doute, dans les années à venir, la mise en place d'une nouvelle DIT à l'échelle asiatique.

Bibliographie

FOURIN ÉD., 2006, Ajia jidosha sangyo *2006* (*L'Industrie Automobile en Asie, 2006),* Fourin éd., Nagoya.

KAMO, K., 2006, *Higashi ajia to nihon no jidosha sangyo* (Asie de l'Est et l'Industrie d'Automobile Japonaise), Yuugaku-shobo, Tokyo.

MORI, M., 2002, "Tai ni okeru kanseisha me-ka- no shin-senryaku to buhin me-ka- no taio (*Nouvelles Stratégies des Firmes d'Automobile et la Réponse des Fournisseurs de Pièces en Thaïlande*)", RIM, 2 (4)

MORI, M., 2004, "Guro-baru shiko wo tuyomeru wagakuni jidosha me-ka-no higasi-ajia senryaku (*Stratégies Globales des Firmes Japonaises de l'Automobile en Asie de l'Est*)", RIM, 4 (13).

PORTER, M.E., (ed.), 1986, *Competition in Global Industries*, Harvard Business School Press, Boston.

TAKEUCHI, J., 2004, "Higashi ajia ni okeru shijo togo to jidosha boeki kakudai no kanosei (*Possibilité de l'Intégration des Marches de l'Asie de l'Est et du Développement de Commerce dans l'Industrie d'Automobile*)", *RIM*, 4 (12).

TOYO KEIZAI SHINPOSHA, 1997-2006, Kaigai shinshutsu kigyo so-ran (Bulletin des Firmes Japonaises Implantées à l'étranger), *Toyo keizai shinposha.*

WORLD TRADE ATLAS, (1997-2006), Washington.

---

[9] L'IMV désigne « Innovative International Multi-purpose Vehicle », comprenant trois lignes de produit : le pickup, le mini-van et le SUV. Ces modèles sont développés pour la vente mondiale dans plus de 140 pays. En Thaïlande, une IMV de type pickup sera développée dans l'avenir.

Chapitre 9

LES INVESTISSEURS EN ASIE DU NORD-EST FACE A LEURS CONCURRENTS AMERICAINS ET JAPONAIS

Evelyne Dourille-Feer

Alors que les Européens dominent l'investissement direct mondial (59 % des stocks totaux en 2004), devançant les Américains (20 % des stocks) et les Japonais (4 %)[1], l'Asie du Nord-Est (Chine, Hongkong, Taïwan, Corée du Sud) n'arrive qu'en quatrième position dans leurs stocks mondiaux d'IDE[2] (4 %), loin derrière l'Union européenne (61 %), les Etats-Unis (14 %) et, même, après les pays d'Europe hors U.E (7 %).
La faiblesse des investissements européens dans cette région est principalement liée aux nouvelles opportunités offertes par la création puis par l'élargissement du grand marché et à la forte spécialisation des IDE de l'Europe sur le secteur des services, longtemps protégé en Asie. Toutefois, depuis la deuxième moitié des années 1990, les firmes européennes intensifient leurs implantations asiatiques, y compris dans le secteur manufacturier, non seulement pour profiter de son dynamisme économique mais aussi pour se positionner vis-à-vis de leurs concurrents japonais et américains.

---

[1] UNCTAD, *World Investment Report 2006*, 2006.
[2] UE à 25+Suisse, source Eurostat pour l'année 2004.

Le positionnement géographique des investisseurs européens en Asie

Après avoir tracé l'évolution du contexte mondial des investissements directs européens, notamment par rapport aux IDE américains et japonais, l'analyse se focalisera sur la position relative des grands pays investisseurs européens dans le monde et en Asie du Nord-Est.

Un nombre réduit de grands pays investisseurs

En 1980, la part des stocks mondiaux d'IDE européens devançait d'un peu plus de trois points celle des Etats-Unis alors que celle Japon était encore faible. Dix ans plus tard, la suprématie européenne et la percée japonaise étaient flagrantes. Mais en 2004, alors le poids des investissements européens avait continué de progresser, celui du Japon s'était fortement contracté et celui des Etats-Unis s'était tassé sans que le reste du monde n'ait effectué de percée majeure (figure 9.1).

Figure. 9.1 : Evolution des stocks mondiaux d'IDE sortants par région

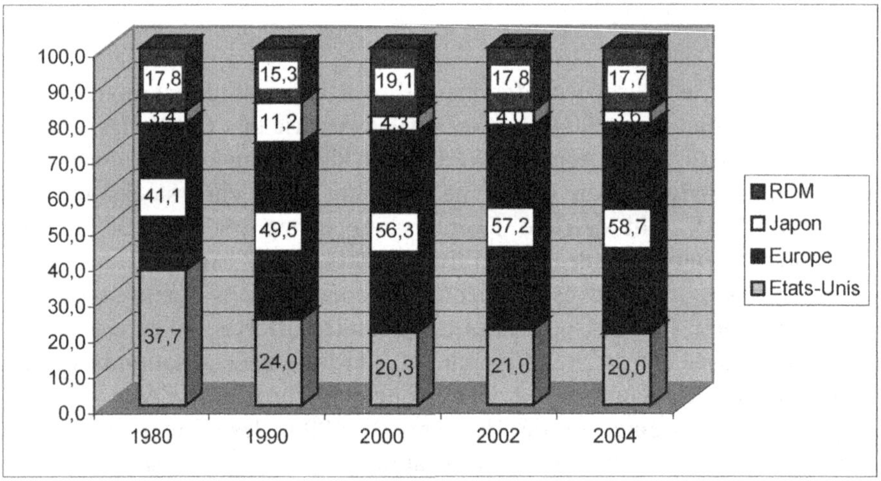

Source: UNCTAD, 2006, World Investment Report 2006, Geneva.
Note: Reste du Monde : RDM.

Cette masse d'investissements européens émane d'un petit nombre de pays. Ainsi, en 2004, cinq pays seulement étaient à l'origine de 66 % des stocks d'IDE européens (Royaume-Uni, Allemagne, France, Pays-Bas, Suisse). Leur poids est néanmoins plus faible qu'en 1990 (75 %), à cause de la montée en puissance d'acteurs comme l'Espagne, la Norvège ou le Benelux (tableau 9.1). On note également qu'au sein des grands pays investisseurs, la France seule a progressé entre 1990 et 2004 ; la Suisse parvenant à stabiliser sa position. Ce classement montre l'absence de corrélation systématique entre la taille du PIB et les stocks d'IDE, ainsi qu'en attestent les cas de la Suisse et de la Norvège. En effet, les montants d'IDE sortants sont fortement conditionnés par le nombre et la spécialisation des multinationales d'origine nationale (ou étrangère) implantées dans le pays émetteur. Par ailleurs, les positions relatives des investisseurs observées au niveau mondial ne correspondent pas forcément à celles enregistrées en Asie du Nord-Est.

Royaume-Uni, France et Allemagne en tête des IDE européens dans la région

Si les statistiques de stocks d'IDE en Asie du Nord-Est d'Eurostat plaçaient l'Allemagne en première position en 2002, devant le Royaume-Uni et la France respectivement, 23,2, 19,5 et 15,5 milliards d'euros, deux années plus tard, le Royaume-Uni passait nettement en tête devant la France, elle-même suivie par l'Allemagne respectivement, 41,1, 27,1 et 23,6 milliards d'euros.

Toutefois, il convient d'analyser avec prudence ces statistiques de stocks d'IDE car elles diffèrent non seulement de celles publiées par les Nations unies selon lesquelles le Royaume-Uni était en tête dans la région en 2002[3], mais aussi de celles émanant des pays d'accueil d'Asie du Nord-Est où les Pays-Bas sont leaders et l'Allemagne se situe en troisième position derrière le Royaume-Uni en 2004. Ces différences proviennent des méthodologies retenues pour construire les bases de données, notamment lors de la ventilation des IDE par pays (pays d'origine de l'investissement ou nationalité de la firme) et lors de l'évaluation des flux réels d'IDE (problème du capital investi à partir du pays de localisation ou d'un pays tiers, du réinvestissement local…). Ainsi, aux Pays-Bas et dans une moindre mesure au Royaume-Uni, des multinationales européennes non nationales sont comptabilisées dans les statistiques des deux pays car ces firmes y ont installé leur siège et y font transiter leurs investissements pour raison fiscale.

La Chine (Hong-Kong inclus) est la destination la plus attractive en Asie du Nord-Est avec une concentration de 46 % des stocks d'IDE des cinq premiers investisseurs européens dans la région. Toutefois, lorsque l'on dissocie Hong-Kong de la Chine, le Japon passe en tête (39 % des stocks), suivi par Hong-Kong (32 %), la Chine (14 %), la Corée du sud (10 %) et enfin Taïwan (environ 5 %). Ce sont donc les deux pays au niveau de vie le plus élevé et aux infrastructures les plus développées (Japon et Hong-Kong) qui ont capté les flux cumulés d'IDE les plus importants de la région (fig 9.2).

---

[3] Statistiques non disponibles pour l'année 2004. Source : Unctad, statistiques de l'investissement direct par pays.

Tableau 9.1 : PIB et stocks mondiaux d'IDE 2004 des quinze premiers investisseurs européens

	PIB (milliards$) (1)	Nombre de MNC nationales dans les 500 premières mondiales (2)	Montant des IDE (million de $)		Part des IDE/total Europe (%)	
	2004	2006	1990	2004	1990	2004
Europe			887324	6056571	100	100
UE			810277	5305463	91	88
Royaume-Uni	2126,096	38	229307	1268532	26	21
Allemagne	2667,957	35	151581	921664	17	15
France	1982,995	38	110126	829247	12	14
Pays Bas	567,498	15	106899	595361	12	10
Suisse	354,267	12	66087	396442	7	7
Total 5 premiers investisseurs		138			75	66 (2)
Espagne	962,579	9	15652	332655	2	6
Italie	1647,733	10	60184	280481	7	5
Belgique-Luxembourg	371,984	5	40636	424866	5	7
Belgique (1)	341,268	4	40636	248367		6
Luxembourg	30,715	1		176499		1
Suède	336,744	6	50720	203943	6	4
Danemark	236,771	2	7342	99570	1	2
Irlande	176,024	1	17204	95955	2	2
Finlande	179,001	2	11227	80936	1	1
Norvège	242,815	2	10884	72109	1	6
Autriche	284,756	1	4747	67424	1	1
Total 10 suivants		38			27(2)	32(2)

Source : Chelem PIB international, Fortune 2006, Top 500, UNCTAD, 2006, World Investment Report 2006, Geneva.

Note : 1) Statistique Belgique + Luxembourg pour 1990, 2) A cause des arrondis, le total est supérieur à la somme des pays concernés.

Figure 9.2 : Répartition des stocks d'IDE en Asie du Nord-Est des 5 grands investisseurs européens en 2004

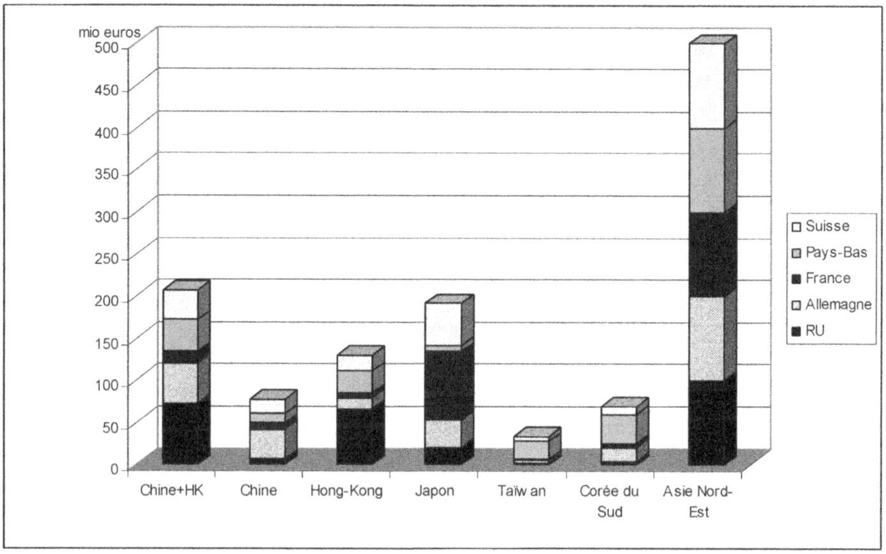

Source : Eurostat, Balance des paiements, position de l'IDE de l'UE par pays

Les préférences de destinations d'IDE sont également différenciées par pays européen : la Chine ainsi que le Japon pour l'Allemagne, Hongkong et Taïwan pour les Pays-Bas[4], le Japon pour la France et Hong-Kong pour le Royaume-Uni.

La France et le Royaume-Uni ont la plus forte polarisation géographique sur un pays cible ; ce qui pourrait refléter une absence de stratégie globale Nord-Est asiatique. Une analyse plus fine devrait permettre d'étayer ou de réfuter cette hypothèse. A l'opposé, les IDE hollandais affichent la répartition géographique la plus équilibrée. Ce phénomène peut s'expliquer par la variété des nationalités d'entreprises incluses dans leurs statistiques d'IDE et ne permet donc pas d'en déduire que les groupes hollandais sont mieux placés pour conduire des stratégies de synergies entre leurs filiales asiatiques.

Les Européens ont intensifié leurs efforts d'IDE à destination de l'Asie du Nord-Est depuis la deuxième moitié des années 1990, après deux années de repli (2002-2003), les flux ont recommencé à croître, notamment à destination de la Chine[5]. Ces efforts tardifs leur ont-ils permis de rattraper les investisseurs américains et japonais ?

[4] Comme il l'a été déjà précisé, ces statistiques incluent des groupes européens implantés aux Pays-Bas.
[5] Source: Eurostat

Les positions relatives des acteurs de la triade

Selon les sources nationales des pays asiatiques, les stocks 2004 d'IDE américains sont, comparativement à ceux des autres acteurs de la Triade, dominants au Japon et en Corée du Sud, légèrement en tête en Chine et à Taïwan mais inférieurs à ceux du total des cinq pays européens à Hong-Kong. La position des investisseurs européens apparaît plutôt solide au Japon et en Corée du Sud mais encore en retard en Chine. Par ailleurs, le poids des IDE japonais est proche de celui des Américains en Chine et à Taïwan (tableau 9.2).

Tableau 9.2 : Part des grands pays investisseurs dans les stocks mondiaux d'IDE entrant des pays d'Asie du Nord-Est en 2004

Unité : %, sauf indication contraire

Pays d'accueil Pays investisseurs	Chine	Hong-Kong	Japon	Corée du sud	Taïwan
Etats-Unis	8,5	6,9	36,7	30,3	22
Japon	8,3	4,2	-	14,7	20
Pays Bas	1,0	8,7	14	11,4	5
Allemagne	1,8	1,0 (1)	4,2	6,0	2
RU	2,2	2	3,1	4,9	4
France	1,2	0,3	4,4	3,2	1
Suisse	0,1	0,4	3,0	0,9	1
Total 5 européens	6,3	12,4	28,7	26,4	13
Total Monde	100	100	100	100	100

Sources Nationales des différents pays d'accueil sauf indication contraire.
Notes : (1) Montant d'IDE déclaré par l'Allemagne et rapporté au stock d'IDE entrants déclarés par Hongkong.

Néanmoins, les statistiques d'Eurostat donnent des résultats globaux sensiblement différents Ainsi, en 2004, les stocks d'IDE des cinq pays européens en Chine étaient supérieurs à ceux des Japonais, les Américains occupant la troisième place. Par ailleurs, les montants des stocks européens dépassaient également ceux des Japonais en Corée du Sud et à Taïwan.
Au regard des deux sources statistiques, européenne et asiatique, il apparaît que les investissements américains ont encore des positions dominantes dans la plupart des pays d'Asie du Nord-Est ; Hongkong étant le seul pays où les investisseurs européens possèdent une nette avance.

Cette faiblesse relative des Européens est liée à la polarisation de leurs échanges et de leurs IDE sur l'Europe ; ce qui les a conduit à négliger longtemps l'Asie en dépit de son potentiel de croissance, de ses avantages comparatifs et de la présence accrue de leurs concurrents américains et japonais. Leur politique commune de rapprochement avec l'Asie n'a démarré qu'en 1994, dictée par la volonté d'augmenter leurs parts de marché (figure 9.3).

Parallèlement à cette politique régionale, les Européens ont mené des négociations bilatérales avec la Corée du Sud (1993) ainsi que le Japon et la Chine (1995). Mais, le renforcement tardif de ces liens politiques joint à une prédilection pour les échanges commerciaux directs plutôt que via des implantations locales ont handicapé les Européens face à leurs concurrents américains ou japonais. En effet, ces derniers avaient fait le choix bien avant eux d'établir une présence locale. Ils ont pu acquérir ainsi une bonne connaissance du terrain et forger des réseaux humains qui leur ont permis de tirer partie les premiers des vagues de déréglementations sectorielles adoptées par les différents pays asiatiques (tableau 9.3)

Figure 9.3 : Part des exportations des grands investisseurs mondiaux en Asie du Nord-Est (total mondial des exportations en Asie du Nord-Est =100)

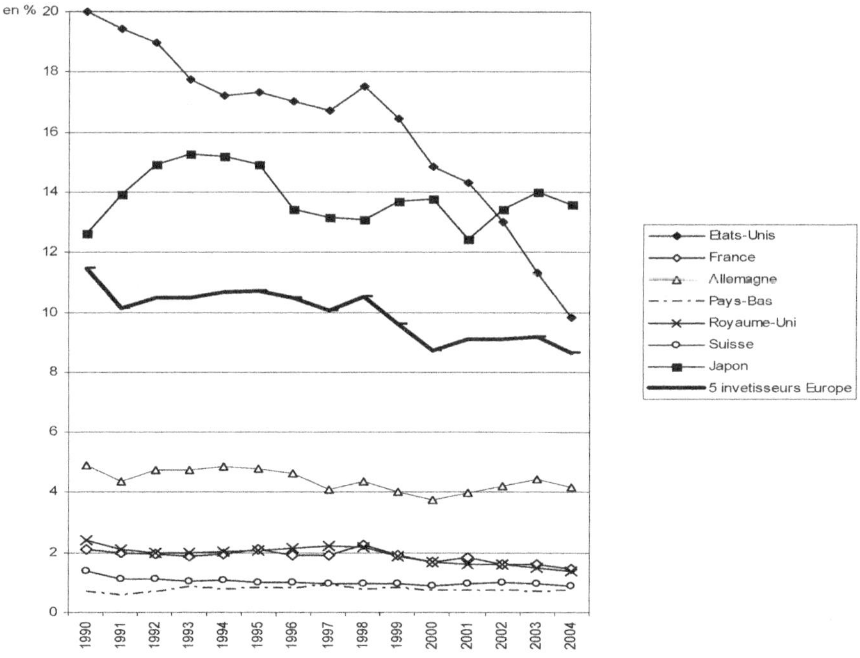

Source : Chelem CIN, calculs de l'auteur

Note : Asie du Nord-Est = Japon + Chine + Hongkong + Corée du Sud + Taïwan

Tableau 9.3 : Attitude des pays d'Asie du Nord-Est envers les IDE et déréglementations

	Déréglementation des IDE manufacturiers	**Attitude envers les IDE**	**Déréglementation IDE services et lois sur les sociétés**	**Secteurs fermés ou soumis à des règles strictes**
Hong-Kong	-Pas de discrimination	-Très ouverte (depuis plus de 30 ans) -2000 : « InvestHK » agence promotion IDE	-Pas de discrimination sauf secteurs spécifiques	-Limitation participation étrangère pour la diffusion audiovisuelle - Diplômes locaux : Cabinets juridiques
Chine	-1981 (5 zones économiques spéciales), accélération à partir de 2001	-Ouverture sélective	- Calendrier de libéralisation 2001-2007	Transports aériens, médias, édition (fermés), (34 activités fermées) 75 activités restreintes
Taïwan	-Progressive -2005 : 99% activités autorisées	-Ouverture progressive à partir début années 1990	-Progressive -2005 : 95% activités autorisées	- secteurs stratégiques
Corée du Sud	-1998 : création 8 zones franches (hautes technologies, logistique, tourisme)	-Contrôle très strict jusqu'en 1993 (début libéralisation IDE) -Ouverture accélérée depuis 1998	- Autorisation fusions et acquisitions pour les étrangers	-Radiodiffusion, télédiffusion, -7 monopoles publiques - 27 secteurs : participations étrangères
Japon	-1992 : automobile, pétrochimie	-Promotion tardive des IDE depuis 1992 -1993 : Société Japonaise de Développement des Investissements Etrangers	- Autorisation fusions et acquisitions pour les étrangers	-Sécurité nationale - - Secteurs Article 2 OCDE

Sources : données nationales diverses rassemblées par l'auteur.

Les européens tentent désormais de profiter des opportunités offertes par les délocalisations (marchés locaux ou exportations), mais ils visent aussi l'observation stratégique des firmes américaines et japonaises car la concurrence s'exerce à l'échelle mondiale via l'échiquier asiatique.

La convergence progressive des stratégies d'IDE des acteurs de la Triade

Trois grandes orientations stratégiques conditionnent les décisions d'investissement direct manufacturier à l'étranger : accès au marché local et suivi de la concurrence, mise en place de plates-formes de production pour exporter dans un pays tiers ou réimporter dans le pays d'origine, utilisation d'unités délocalisées pour intégrer les produits intermédiaires fabriqués dans le pays d'origine. Dans le secteur des services, les IDE permettent de mieux affronter la concurrence mondiale, d'accompagner les entreprises clientes (finances, services aux entreprises), d'accroître les ventes sur le marché local ou de préparer une implantation future via une filiale commerciale.
Jusqu'à ces dernières années, les entreprises européennes, américaines et japonaises se distinguaient par des couvertures sectorielles et géographiques différenciées ainsi que par des stratégies propres mais cette situation est en pleine évolution.

Les spécialisations sectorielles des multinationales

Un premier élément de cadrage des spécialisations sectorielles des IDE de la Triade peut être obtenu en utilisant les données disponibles sur les multinationales par pays d'origine.
L'analyse comparative de la structure sectorielle mondiale des grandes multinationales européennes, américaines et japonaises classées parmi les 500 premières mondiales[1] permet de faire ressortir des spécificités par acteur. Tout d'abord, on remarque que les secteurs banques et électricité-énergie ont un poids relatif plus élevé en Europe qu'au Etats-Unis ou au Japon alors que ce sont les secteurs distribution, assurances ou chimie qui sont leaders dans le cas des Etats-Unis et l'automobile ainsi que l'électronique dans celui du Japon (figure 9.4).

Comme les implantations en Asie du Nord-Est sont également ouvertes à des entreprises de taille plus modeste et que les opportunités d'investissements peuvent être plus élevées sur certains secteurs, il est intéressant d'identifier les spécialisations sectorielles des stocks IDE des

[1] Source : Fortune Global 500, 2005 et 2006. Classement par montant de chiffre d'affaires.

grands acteurs européens, puis des Etats-Unis et du Japon tout en les comparant avec celles de leurs multinationales

Figure 9.4 : Poids sectoriel des grandes multinationales européennes, américaines et japonaises classées parmi les 500 premières mondiales.

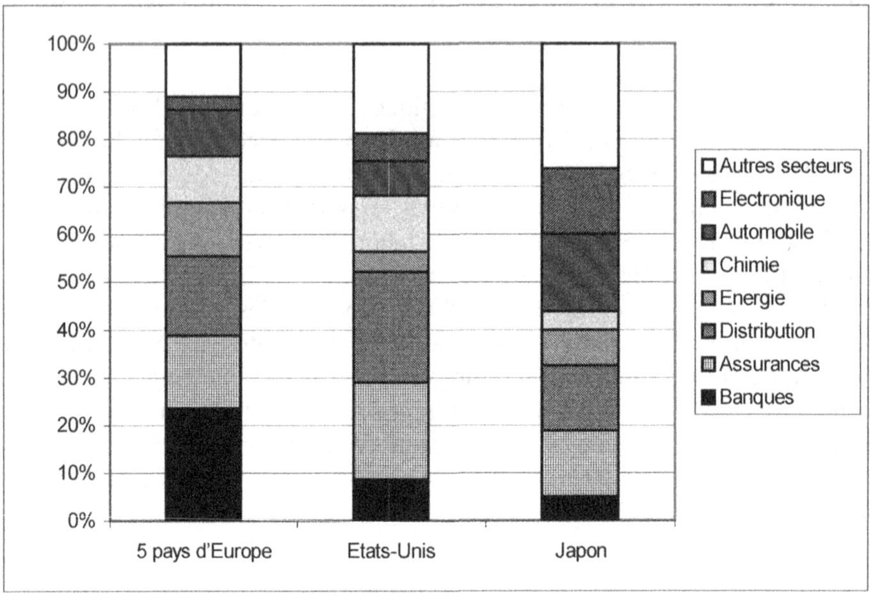

Source : Fortune Global 500, 2006, calculs de l'auteur.
Note : 5 pays d'Europe : 138 MNC, Etats-Unis : 170 et Japon : 70.

Les spécificités des cinq grands pays investisseurs européen.

L'analyse sectorielle des IDE en Asie du Nord-Est se révèle difficile à conduire car il existe peu de données détaillées et croisées par pays asiatique et par secteur. Par souci de comparabilité des données européennes, on a utilisé les séries *Country profile* de la CNUCED. Elles ont été complétées par d'autres sources (Eurostat, sources nationales des pays asiatiques ou des pays investisseurs).

Allemagne : spécialisation manufacturière et ébauche de production régionale

On observe une forte spécialisation manufacturière des investissements allemands en Asie du Nord-Est[2] comparativement à leur moyenne mondiale (respectivement 50 % et 30 % des stocks totaux d'IDE), à l'exception de Hong-Kong (19 % des stocks). C'est à Taïwan et en Chine que l'orientation manufacturière est la plus marquée (respectivement 70 % et 64 % des

[2] Hors Taiwan .dont les données sectorielles ne sont pas publiées. .Statistiques de la CNUCED, *Country profile*, année 2003.

stocks), mais elle est également majoritaire au Japon (52 % des stocks) et proche de 50 % en Corée du sud.

Les IDE industriels mondiaux allemands sont concentrés dans quatre secteurs : l'automobile (47 % des stocks manufacturiers), la chimie (21 %), les équipements électriques et électroniques (8 %) et les machines (7 %). En Asie du Nord-Est, le poids du secteur automobile est également dominant (46 % des stocks manufacturiers, ce qui représente seulement 6 % des IDE mondiaux), alors que celui du secteur des équipements électriques et électroniques est nettement plus élevé que la moyenne mondiale (18 % des stocks en Asie du Nord-Est), celui des machines est presque équivalant (8 %) et celui de la chimie est plus faible (18 %). Ces différents secteurs correspondent à la spécialisation des grandes multinationales allemandes.

Le phénomène le plus marquant de ces dernières années est la montée en puissance des implantations automobiles, concentrées essentiellement dans trois pays : la Corée du Sud (69 % des IDE manufacturiers dans ce pays), la Chine (48 %) et le Japon (41 %). Les montants les plus élevés d'IDE sont localisés en Chine, qui cumule mesures attractives pour les investisseurs étrangers, coûts de production compétitifs et vaste marché potentiel. Les grands constructeurs (VW, BMW, Daimler-Chrysler) y sont présents en partenariat avec des firmes chinoises et ils commencent à envisager d'exporter une partie de leur production locale après avoir visé le marché chinois. Au Japon, Mercedes-Benz et BMW dominent le segment du marché de la voiture de luxe. Enfin, la Corée du Sud pourrait devenir un lieu important de localisations des équipementiers allemands et d'approvisionnement des chaînes de montages chinoises.

La Chine et le Japon apparaissent comme les deux destinations privilégiées des IDE allemands en Asie du Nord-Est pour les équipements électriques et électroniques ainsi que les machines. Ces implantations permettent d'utiliser de façon optimum la spécialisation verticale des deux pays : faibles coûts de production en Chine et technologies sophistiquées au Japon. Le pôle chimie est également relativement important au Japon (plus d'1/4 des stocks d'IDE manufacturiers), mais ne représente que 3 % des IDE mondiaux de l'Allemagne. Par ailleurs, l'analyse des statistiques taïwanaises fait apparaître la forte polarisation des IDE manufacturiers allemands sur l'électronique et sur la chimie (respectivement 45 % et 20 %[3] de cette catégorie d'IDE).

Les montants d'IDE en Asie du Nord Est sont faibles dans le secteur tertiaire comparativement au reste du monde. Le Japon arrive en tête avec 0,8 % des stocks mondiaux, suivis par Hongkong et la Chine (0,5 %). Alors que la finance, notamment l'activité bancaire, est dominante à Hongkong et que le commerce est en tête à Taïwan, le service aux entreprises est l'activité

[3] Statistiques du MOCIE, stocks 2005.

tertiaire la plus développée par les firmes allemandes au Japon, en Chine et en Corée du Sud.
Ainsi la couverture géographique et sectorielle des IDE allemands an Asie du Nord-Est rend possible des stratégies utilisant les différentiels de niveaux de développement économique et technologique ; le secteur automobile commence à en fournir une bonne illustration.

Royaume-Uni : Polarisation sur le tertiaire et la chimie

La polarisation des IDE britanniques sur les activités tertiaires en Asie du Nord-Est est si forte que le poids de ce secteur dans le total des investissements excède nettement celui enregistré au niveau mondial (respectivement 84 % et 61 % des stocks d'IDE totaux [4]). Le rôle prépondérant de Hongkong (66 % des IDE britanniques dans la région), où les IDE du Royaume-Uni sont dirigés presque exclusivement vers le tertiaire, explique en grande partie ce résultat. Toutefois, cette catégorie d'investissements est également majoritaire au Japon et à Taïwan (respectivement 80 % et 57 % des stocks britanniques totaux).

Au sein de ces investissements, l'intermédiation financière tient une place prépondérante à Hongkong (79 % des stocks totaux), l'activité de service aux entreprises y est aussi la plus développée de la région. Au Japon, le secteur transports et communications se situe nettement en tête, alors que la finance prédomine à Taïwan[5]. (50 % des stocks totaux[6]). En Chine, où le Royaume-Uni serait dans les faits le premier investisseur européen[7], les investissements sont surtout centrés sur les services financiers, le commerce de détail et les télécommunications, secteurs qui comptent plusieurs multinationales classées parmi les 500 premières mondiales. Par ailleurs, les secteurs de l'énergie, de la construction et des infrastructures y sont bien représentés

Les montants de stocks d'IDE manufacturiers du Royaume-Uni sont les plus élevés au Japon ; la Chine, Hongkong et la Corée du Sud se placent ensuite par ordre décroissant. La chimie, qui englobe souvent la pétrochimie et la pharmacie, apparaît comme le secteur de prédilection des IDE manufacturiers britanniques en Asie du Nord-Est (environ 60 % des stocks)[8]. En Chine, la firme leader du secteur pharmacie Glaxo est également bien

[4] La très mauvaise qualité des données de la CNUCED pour le Royaume-Uni (nombreux pays et secteurs manquants) a conduit à utiliser ici les données de stocks d'IDE 2004 d'Eurostat qui sont un peu plus complètes.

[5] Bien que les statistiques officielles taiwanaises ne place le Royaume-Uni qu'en second derrière les Pays-Bas, il est de fait le plus gros investisseur européen. Mission Economique à Taiwan, note de synthèse *« IDE à Taiwan »*, décembre 2005.

[6] Banque, assurance, titres. Statistiques MOEA, stocks d'IDE 2005

[7] Près de 5000 projets d'IDE avaient été réalisés fin 2005 pour un montant de 13,2 milliards de dollars. Source: UK *Trade and Investment with China*, British Embassy Beijing, 18/7/2005

[8] Source CNUCED, Asie du Nord-Est hors Taiwan.

implantée. Le secteur agroalimentaire est très présent en Corée du Sud et, dans une moindre mesure, en Chine. Par ailleurs, on note des opérations de plus faible envergure dans les secteurs des métaux, des machines et du textile à Hongkong, au Japon et en Chine ainsi que dans les composants électroniques à Taïwan.

Au regard de ces statistiques partielles, la présence britannique en Asie du Nord-Est apparaît assez concentrée sectoriellement. Le tertiaire prédomine grâce au développement des secteurs finance et services aux entreprises. Dans le secteur manufacturier, on note l'importance de la branche « chimie pharmacie ».

La France : forte concentration sur le Japon et l'automobile.

Les données sectorielles détaillées de la CNUCED[9] sur les IDE français n'existent que pour le Japon et la Chine, pays ayant un poids déterminant dans les stocks en Asie du Nord Est (84 %). C'est pourquoi les implantations françaises dans les autres pays d'Asie du Nord-Est seront analysées en s'appuyant sur les statistiques du pays d'accueil (Corée du Sud, Taïwan) ou sur les données d'Eurostat (Corée du Sud, Hongkong) et complétées par des données d'enquêtes.

Les IDE français se sont massivement portés sur le secteur manufacturier au Japon (68 % des IDE), avec une nette spécialisation sur l'automobile. La prise de participation massive de Renault dans le capital de Nissan explique ce résultat. Dans le secteur tertiaire, la branche assurances contribue à plus de la moitié des IDE français du secteur sur l'Archipel. Elle est suivie par le service aux entreprises qui devance assez nettement les services bancaires. L'ouverture tardive du marché japonais aux banques étrangères, les difficultés de rachats d'entreprises locales ainsi que l'importance des réseaux domestiques nippons expliquent la relative faiblesse de cette catégorie d'IDE malgré son bon positionnement international (quatre banques françaises classées parmi les 500 plus grandes multinationales mondiales).

En Chine, le secteur tertiaire est majoritaire dans les stocks d'IDE français (54 % des stocks). L'activité la plus développée est le service aux entreprises, suivi par électricité gaz et eau, puis par l'intermédiation financière. On retrouve ici les pôles d'excellence des grandes multinationales françaises. Concernant le secteur manufacturier, les imprécisions de nomenclatures rendent toute affirmation délicate puisque le poste « manufacturier divers » a le poids le plus important dans les IDE. Cette restriction mise à part, la chimie pharmacie représente le pôle industriel le plus développé et se place nettement devant le secteur automobile.

---

[9] Source: CNUCED, *Country Profile*, 2002.

C'est le secteur manufacturier qui prédomine à Taïwan selon les sources locales [10] (52 % des stocks d'IDE français), fortement spécialisé sur l'électronique (78 % des IDE manufacturiers), devant la chimie (12 %) et les produits minéraux ciment, verre (6 %). Dans le secteur des services, les investissements se focalisent sur le commerce de gros et de détail ainsi que sur le poste « service aux entreprises ».

La France n'était que le septième investisseur en Corée du Sud fin 2005 selon les statistiques du MOCIE (3,1 % des stocks d'IDE totaux, 162 implantations) derrière les Etats-Unis (premier investisseur), le Japon, les Pays-Bas, la Malaisie[11], l'Allemagne et le Royaume-Uni ; mais elle occupait en réalité le quatrième rang avec 5 % des stocks d'IDE d'après la Mission économique de Séoul[12] en raison d'importantes opérations transitant par les Pays-Bas (Carrefour) et par le Royaume-Uni (Total). L'essentiel des IDE français a été réalisé après 1997. En 2005, deux tiers des filiales françaises appartenaient au secteur industriel (pétrochimie, chimie, gaz, matériaux de construction, automobile), mais le secteur des services devrait connaître un développement rapide avec les projets d'implantation dans les secteurs de la grande distribution et de l'hôtellerie.

A Hong-Kong, le tertiaire constitue l'essentiel des IDE (81 % du total[13]). Dans ce secteur, trois branches d'activité sont très développées : l'intermédiation financière (30 % du montant total des IDE), les activités immobilières et les services aux entreprises (28 %) et le commerce (14 %). On dénombrait 295 implantations françaises fin 2004[14] dont le nombre le plus élevé (46 %) appartenait au secteur commerce (bureaux d'import/export) (46 % des implantations), suivi par les autres services (40 %) tels que la finance ainsi que la construction, les TIC et services divers (énergie, concessions construction, restauration, environnement...). Les grandes marques de l'industrie du luxe (bagagerie, spiritueux, accessoires, parfums) sont également présentes. De plus, les capitaux français contrôlaient 250 sociétés locales en 2004, essentiellement des bureaux commerciaux pratiquant le *sourcing* en Chine et des sociétés de service aux entreprises. Par ailleurs, plus de la moitié des sociétés françaises implantées à Hong-Kong font office de centre régional pour l'Asie Pacifique. A cet égard la position stratégique de Hongkong comme « *hub* » des affaires en Asie est bien utilisée par les entreprises françaises.

---

[10] Source: MOEA, stocks d'IDE 2005. Par contre, selon Eurostat, les stocks manufacturiers d'IDE français ne représentaient que 23% du total des IDE en 2004.

[11] Des fonds de pension américains (défiscalisés) transitent par la Malaisie.

[12] MOCIE: Ministry of Commerce, Industry and Energy. Mission Economique en Corée , Note de synthèse : *Investissements directs étrangers en Corée du Sud et présence française*, février 2006.

[13] Source: Eurostat, stocks d'IDE 2004.

[14] Macao compris.

Les Pays-Bas et la Suisse : des multinationales très actives

La mauvaise qualité des données sectorielles pour ces deux pays, tant au niveau des sources nationales qu'asiatiques (à l'exception de Taïwan et du Japon), a conduit à se référer à la spécialisation de leurs multinationales classées parmi les 500 premières mondiales.
Les Pays-Bas comptent 15 multinationales à capitaux majoritaires hollandais. Le pôle banque assurance est le plus développé (5 groupes), suivi par l'agroalimentaire (3 groupes), puis les secteurs de la chimie, de la métallurgie, de la communication et des services divers (énergie, distribution, courrier, transports) qui comptent chacun un groupe.

Au Japon, le secteur tertiaire est majoritaire dans les IDE hollandais, notamment grâce aux secteurs banques et assurances (51 % des stocks totaux d'IDE[15]) et au service aux entreprises (18 %). Dans le secteur manufacturier, la chimie et pétrochimie dominent les IDE, loin devant l'électronique, l'informatique et la métallurgie. D'après les sources officielles chinoises qui ne fournissent pas les données sectorielles fines par pays, 400 parmi les 500 premières multinationales mondiales possèdent des implantations. Comme, par ailleurs, les secteurs de la banque, de l'assurance, de l'énergie et de l'électronique y sont bien représentés, on peut supposer que les multinationales hollandaises de ces secteurs y sont implantées. A Taïwan, le secteur manufacturier contribue à 51 % des investissements hollandais[16]. L'équipement électrique et électronique se situe nettement en tête (60 % des IDE manufacturiers), suivie par la chimie (20 %) et l'agroalimentaire (11 %). Dans le secteur tertiaire, la finance contribue à plus de la moitié des stocks, nettement devant le service aux entreprises (17 %) et le commerce (8 %).

Bien que les statistiques de montants d'IDE sectoriels à Hong-Kong et en Corée du Sud soient trop incomplètes pour les exploiter, il est possible de déterminer quelques secteurs d'implantation à partir des localisations des grandes multinationales. Les cinq grands groupes financiers hollandais (banques de détail ou d'affaires, services financiers, assurances) sont bien implantés à Hongkong, mais on y trouve également les grandes multinationales des autres secteurs, notamment les trois grands de l'agroalimentaire. En Corée du Sud, les secteurs de l'électronique et de l'agroalimentaire sont présents et les implantations financières progressent.

La Suisse, en dépit de la taille modeste de son économie, compte onze grandes multinationales[17]. Le secteur tertiaire en dénombre huit, dont cinq dans la branche financière (banques, assurances) et une par activité dans les

[15] Source: Eurostat, stocks d'IDE 2004.
[16] Source: MOEA, stocks d'IDE 2005.
[17] Classées parmi les 500 premières mondiales.

branches distribution, service postal et travail temporaire. Dans l'industrie, le pôle chimie pharmacie compte deux groupes et l'agroalimentaire, un seul.

Les IDE suisses sont dirigés majoritairement dans l'industrie au Japon (60 % des stocks) alors que le secteur tertiaire est dominé par la branche commerce. A Taïwan, également, les IDE suisses se concentrent dans le secteur manufacturier, notamment l'électronique, la chimie et l'agroalimentaire. La finance et le commerce prédominent dans le tertiaire. Les grandes multinationales suisses de la pharmacie, de l'agroalimentaire et du travail temporaire sont implantées en Corée du Sud, alors que le pôle finance est particulièrement présent à Hong-Kong. Enfin, en Chine, les implantations correspondent à la spécialisation des grandes multinationales (banque, finance, pharmacie et agroalimentaire).

Les spécialisations américaines et japonaises

L'Asie du Nord-Est est marquée par la présence des entreprises américaines et japonaises dont les flux de capitaux, de technologies et les courants d'échanges qu'elles induisent jouent un rôle économique crucial dans la région. Bien que cette région, ainsi que le reste de l'Asie, représentent un enjeu commercial majeur pour les Etats-Unis et le Japon depuis les années 1990, leurs firmes y ont mené des stratégies différenciées.

Etats-Unis : démarrage tardif mais constitution de réseaux régionaux

Les investisseurs américains ont longtemps centré leurs efforts sur l'Europe et l'Amérique latine, mais le développement rapide de l'Asie ainsi que la concurrence japonaise les ont poussés à s'intéresser à cette région. La part de l'Asie dans leurs stocks mondiaux d'IDE est passée de 7 % en 1977 à 8 % en 1994 et 16 % en 2004, dont environ la moitié en Asie du Nord-Est[18].

Au sein de cette zone, les IDE étaient fortement centrés sur le Japon et Hongkong (près de ¾ des stocks). Dans ces deux pays le secteur tertiaire domine (plus de 80 % des IDE), notamment les compagnies de holding, la finance ainsi que le commerce de gros à Hong-Kong, et, la finance (53 % de l'investissement tertiaire), le commerce et les services à l'entreprise au Japon. Si le secteur tertiaire est majoritaire à Taïwan avec un important pôle finance, presque à parité avec le secteur manufacturier en Corée du Sud, il est très minoritaire en Chine (environ 1/3 des IDE).

L'importance du tertiaire dans quatre des cinq pays d'Asie du Nord-Est reflète la mise en place d'une logistique commerciale et financière d'appui aux exportations et aux implantations des firmes manufacturières

---

[18] Source: FDI Statistics 2004, BEA (Bureau of Economic Analysis).

américaines dans cette région. Elle provient également du dynamisme des grands MNC américaines de ces secteurs.

Les montants d'IDE manufacturiers les plus importants sont investis au Japon (13,1 milliards $), viennent ensuite la Chine (8,1 milliards $), la Corée du Sud (7,6 milliards $), Taïwan (4,3 milliards $) et Hong-Kong (2,4 milliards $). L'électronique – informatique et la chimie sont les deux secteurs où les investissements sont les plus massifs. On remarque également l'importance du secteur transport en Chine, la forte concentration des IDE sur l'électronique-informatique à Taïwan (40 % des IDE manufacturiers[19]), ainsi qu'à Hong-Kong (36 %) et en Corée du Sud. La chimie est également bien représentée à Taïwan (31 %), en Chine (22 %) et au Japon (22 %).

Par ailleurs, des réseaux productifs et commerciaux sont établis dans l'ensemble des secteurs sur une base locale, régionale et mondiale. Les firmes américaines utilisent non seulement leurs avantages comparatifs au niveau du marketing et de la finance, mais s'appuient également sur les capacités de lobbying auprès du gouvernement américain pour que celui-ci impose, tant au niveau des organisations internationales qu'au niveau des gouvernements locaux, des mesures de déréglementations ou l'adoption de normes favorables.

Japon : rééquilibrage mondial des implantations et montée du poids de la Chine en Asie du Nord-Est

Depuis une quarantaine d'années, des vagues distinctes d'implantations industrielles japonaises se sont succédé en Asie. Tout d'abord, entre la fin des années 1960 et le début des années 1970, les implantations nippones se sont concentrées sur les secteurs à technologies banalisées (textiles, machines ; bois papier, électronique bas de gamme). Les deux chocs pétroliers (1973-1974, 1978-1979) ont ensuite initié une vague de délocalisations dans les secteurs de l'aluminium, de la pétrochimie et de la liquéfaction de gaz naturel. Au cours de ces deux périodes, les IDE nippons se sont surtout dirigés vers l'ASEAN.

Entre 1985 et 1987, la Corée du Sud et Taïwan profitent de la forte appréciation du yen par rapport au dollar alors que leurs monnaies bénéficient d'un taux de change favorable vis-à-vis du dollar. Les fabricants japonais de produits à faible valeur ajoutée (articles de sports, jouets, biens de consommation courante, ciment...) y délocalisent leurs unités de production. Il faudra ensuite attendre une nouvelle appréciation du yen en 1991 pour que l'Asie redevienne une région attractive. Sa part dans les IDE manufacturiers mondiaux du Japon passe de 20 % entre 1985 et 1990 à 34 % entre 1991 et 1995 (pic de 43 % en 1995) pour se contracter ensuite au profit de l'Europe. En dépit de la reprise des investissements industriels, l'Asie, ne

[19] Le secteur transport n'est pas identifié dans les statistiques du BEA

comptait plus que pour un quart environ des IDE japonais mondiaux entre 2000 et 2004 tant était devenue importante la stratégie nipponne de globalisation de l'outil productif à l'échelle mondiale

D'après les statistiques 2004 du JETRO[20], l'Asie du Nord-Est représentait 10,4 % des stocks d'IDE mondiaux du Japon et 50,4 % de ses stocks asiatiques. La Chine se classait en tête (26,4 % des stocks asiatiques), suivie par la Corée du Sud (8,6 %), Hongkong (8,2 %) et Taïwan (7,1 %). Comparativement à la moyenne mondiale des IDE japonais, l'orientation manufacturière est très forte en Asie (respectivement 42 % et 70 % des flux cumulés d'IDE 2001-2004). Les secteurs de prédilections y sont la métallurgie, le textile, le matériel de transport et l'électronique pour le manufacturier et le commerce pour le tertiaire.

La progression rapide du poids de la Chine dans IDE japonais a été le phénomène le plus remarquable de ces dernières années. Entre 2001 et 2004, cette dernière a accueilli environ la moitié des IDE manufacturiers nippons à destination de l'Asie et 80 % de ceux en Asie du Nord-Est. La concentration des IDE dans les secteurs textile, machines et transport, métallurgie et électronique y est particulièrement forte depuis le début des années 2000. On note également le renforcement du secteur de la chimie et de la finance en Corée du Sud ainsi que celui de l'électronique à Taïwan. Par ailleurs, le Japon a investi massivement dans des réseaux de distribution sur l'ensemble de la zone.

L'Asie du Nord-Est prend d'ailleurs une place croissante dans le commerce extérieur japonais (34,6 % des exportations et 30,4 % des importations en 2004), notamment à cause de la percée chinoise (respectivement 16 % et 21,4 %). Ce qui reflète la réorganisation de l'outil productif du Japon. Ainsi, la production délocalisée aux Etats-Unis ou en Europe est destinée aux marchés locaux, alors que celle des usines implantées en Asie est vectrice d'échanges à l'intérieur de la zone, de réimportations au Japon ou d'exportations vers les marchés tiers. Néanmoins, en dépit de l'intensification des échanges régionaux, l'Asie contribuait encore à moins de la moitié des exportations et des importations nippones en 2004.

Conclusion

Alors que l'on distinguait des stratégies d'entreprises plus spécifiquement américaines (accès à de nouveaux marchés, concentration des IDE sur l'Europe et l'Amérique latine), japonaises (production à bas coûts et établissement de réseaux d'entreprises japonaises en Asie) ou européennes (exportations directes, préférence européenne) jusqu'aux années 1990, les

---

[20] Source : Ministère des finances du Japon, estimation des stocks en dollars par le Jetro.

vagues mondiales de déréglementations ont accéléré la concurrence entre firmes et ont imposé des règles du jeu communes. On voit ainsi émerger progressivement des stratégies propres à chaque secteur, voire même à une firme pionnière.

Il n'en reste pas moins vrai que les multinationales américaines conservent de l'avance non seulement dans le domaine du marketing mais aussi dans celui des techniques de lobbying multidimensionnel (administration américaine, gouvernements locaux, OMC) ; ce qui leur donne la possibilité de peser sur les choix de déréglementations sectorielles et sur l'adoption de normes spécifiques[21]. Par ailleurs, les stratégies des firmes européennes en Asie du Nord-Est apparaissent parfois moins globalisées que celles des multinationales américaines ou japonaises où les échanges de produits intermédiaires entre maison mère et filiales sont plus actifs[22]. La forte spécialisation européenne sur le secteur « chimie », dont les possibilités de fragmentation du processus productif sont beaucoup plus faibles que celles du secteur électronique explique partiellement ce résultat. Après avoir cherché à développer en Asie leurs pôles d'excellence industrielle dans les secteurs de la chimie, du pétrole, de la pharmacie et de l'automobile, les Européens profitent de l'ouverture croissante des pays d'Asie du Nord-Est pour monter en puissance non seulement dans les télécommunications où se jouent des batailles de normes, mais également dans celui des services – notamment la finance où ils possèdent une position mondiale dominante.

Bibliographie

BEFFA J. L., 2005, *Pour une nouvelle politique industrielle*, La documentation Française, Paris.

EUROSTAT, 2005-2006, European Union foreign direct investment yearbook, Luxembourg.

LONG, GUOQUIANG, 2005, "Chinese Policies on FDI : Review and evaluation", in Moran, Theodore, Edward M. GRAHAM and Magnus BLOMSTRÖM (eds), *Does Foreign Investment Promote Development*, Institute for International Economics, Washington, D.C. http://www.iie.com/publications/chapters_preview/3810/12iie3810.pdf

HENRIOT A., CHEDOR S., 2006, "Les stratégies des groupes français en Asie" in *L'industrie en France et la mondialisation*, Analyse Chiffres Clés, SESSI - Ministère de l'Economie, des Finances et de l'Industrie, Paris.

www.investkorea.org: Invest in Korea.

LEMOINE F., 2000, FDI and the Opening up of China's economy, *CEPII Working Paper*, n° 11, juin.

---

[21] Vinaal Aggarwal (2001).

[22] Henriot Alain et alii (2006).

MINISTRY OF FINANCE, 2000-2006, FDI Statistics, Tokyo.
MISSIONS ECONOMIQUES, Ambassade de France, différentses notes de synthèse sur les IDE dans les différentss pays d'Asie du Nord-Est, 2003-2006
NATIONAL BUREAU OF STATISTICS OF CHINA, 2005, China *Foreign Investment Report 2003, China Foreign Investment Report 2004*, Pekin.
NOMURA RESEARCH INSTITUTE, 2004, Masuyama Seiichi, The Asia strategy of the Japanese Multinationals, Focus on China, *Tokyo Club T5 Draft*, February 9-10, Tokyo.
UNCTAD (CNUCED), 2005-2006, *World Investment Report*, Geneva.
US DEPARTMENT OF STATE, 2005, *Investment climate in Hongkong and Macau*, Washington.
www.state.gov/e/eb/ifd/2005/42057.htm
VINAAL AGGARWAL, 2001, Lesson *for American firms in Asia*, Palgrave, New York.

Chapitre 10

NOUVEL ESPACE ECONOMIQUE NOUVELLE CARTE INDUSTRIELLE

Sumihiko SETO

La carte industrielle en Asie est en train de se métamorphoser. Trois déterminants deviennent de problèmes cruciaux : les enjeux géographiques, la régionalisation organisationnelle et l'impact sur la mondialisation.
Le chapitre porte sur une nouvelle vision de l'Asie de l'Est, différente de celle habituellement décrite, car la réalité du terrain est analysée et elle dépasse le simple jeu de la rivalité des Etats-nations ; l'étude se compose de deux parties : en premier lieu, le changement de la vision de l'Asie et L'ASEAN vu comme la source d'un véritable « tsunami » et en deuxième partie, la constitution probable de la régionalisation économique.
L'Organisation Japonaise du Commerce Extérieur (le JETRO) participe activement au renforcement de cette réalité de la nouvelle carte éco-industrielle de l'Asie. La réforme du JETRO vise aussi à appeler les entreprises occidentales à rejoindre cette nouvelle formation de la Division Internationale de Travail (DIT).

Pour un changement dans la vision de l'Asie

La « métropolarisation » de l'économie des agglomérations

Les grandes villes, les métropoles sont considérées comme moteurs de la croissance économique et de l'expansion dans les échanges extérieurs de l'espace économique de l'Asie, y compris l'Inde. Le tiers du PIB chinois et approximativement 80 % des échanges extérieurs de la Chine se concentrent dans trois agglomérations urbaines[1] : le Delta du Yangtze de la province Shandong, plus important pôle industriel chinois autour de Pudong à Shanghai, le Delta de la Rivière des Perles de la Province de Guangdong, considéré comme le modèle de l'économie de marché et devenu un pôle économique d'ouverture depuis 1979 ; puis la Province de Hebei surtout avec l'Université Qinghai et le port de Tianjin, pôle intellectuel et du savoir de Pékin. Ces provinces sont devenues les premières régions exportatrices.

Le montant du commerce extérieur de ces provinces chinoises dépasse désormais celui des principaux pays de l'Asie de l'Est ; le commerce extérieur de la province de Shandong dépasse celui de la Corée du Sud, celle de Guangdong dépasse Singapour, et enfin, celle de Hebei est bien supérieure au commerce de la Thaïlande. Cette situation explique clairement l'expansion rapide des réseaux tripartite de la chaîne de production dans les trois pays d'Asie de l'Est. Ce sont les Investissements Directs Etrangers (IDE), (JETRO, 2006) dans la partie Nord-Est de la Chine, réalisés par le Japon et la Corée du Sud, en y incluant également Taïwan, qui consolident et donnent la suprématie à cette région. On s'aperçoit alors, que l'espace riverain intra Mer Jaune forme *de facto* une communauté économique qui englobe les villes-métropoles portuaires chinoises, coréennes et japonaises.

En Inde, trois grandes métropoles se distinguent de plus en plus clairement comme faisant partie de la future l'épine dorsale de la super puissance que sera l'Inde. Il s'agit de la capitale de New Delhi dans le nord, de Mun bai située à l'ouest, et de Bangalore dans le sud. Les populations de ces villes se sont enrichies et atteignent souvent un revenu annuel par tête de près de 4 000 dollars.

Les quatre points d'appui régionaux de l'intégration interrégionale

On peut distinguer quatre sous-régions :
- la sous-région formée des pays-provinces autour des rives de la mer Jaune,
- les deux rives du détroit de Taïwan allant vers une sous-intégration économique,
- les pays de l'ASEAN[2] formant entre eux des liens économiques solides et
- l'intégration sous-régionale constituée par les cinq pays de la péninsule indochinoise.

Il est vrai que l'on constate que les trois pays géants de l'Asie du Nord, la Chine, le Japon, et la Corée du Sud, constituent *de facto* une zone d'économie « intégrée » et déjà fortement interdépendante malgré l'absence

[1] En Chine, il existe 31 provinces/villes/régions autonomes, dans la Province du Nord citons: Pékin, Tianjin, Hubei, Shandong; dans la Province de l'Est: Shanghai, Jiangsu, Zhejiang; dans la Province du Sud: Fujian, Guangdong, Hainan, Guangxi.

[2] L'ASEAN comprend dix pays: la Birmanie, le Brunei, le Cambodge, l'Indonésie, le Laos, la Malaisie, les Philippines, Singapour, la Thaïlande et le Vietnam.

d'alliance officiellement signée. Et dans le même temps, on observe également un tournant dans le développement de l'industrie électronique et la division du travail entre Taïwan et la Chine. Ceci concerne la production par des usines taïwanaises de cristaux liquides et d'écrans de télévision exportés en Chine en vue d'être assemblés et montés dans les entreprises des régions chinoises situées face à Taïwan.
Si l'on examine les pays de l'ASEAN et la suppression des droits de douanes (avancée à 2007 au lieu de 2010), on constate une accélération de la construction, dans les dix pays de l'ASEAN, de la communauté économique de l'AFTA (Association du Libre-échange de l'ASEAN) prévue en 2020. Il faut prendre également en compte la coopération locale au sein de l'économie de l'ASEAN, comme le BIMP-EAGA ou encore « East Asean Growth Area » Brunei, l'Indonésie, la Malaisie, les Philippines; les expériences transfrontalières ou triangles de croissance comme Singapour, Johore et Riau, et l'Indonésie, la Malaisie, la Thaïlande.
Enfin, mentionnons les cinq pays de la péninsule indochinoise (la Thaïlande, le Cambodge, le Laos, la Birmanie, le Vietnam) qui coopèrent ensemble pour la mise en œuvre du projet du « Greater Mekong Sub-Region » (GMS) visant à créer une véritable intégration économique péninsulaire à laquelle adhèrent la Province de Yunnan et la Région Autonome chinoise de Guangxi Zhang.

Les pays de l'ASEAN : pays d'où proviennent toutes les sources d'un véritable « Tsunami »

Alors que les médias occidentaux ne parlent que de la Chine, une véritable force se met en place pour conforter l'intégration économique de la communauté de l'Asie de l'Est. C'est l'ASEAN qui jouera le rôle de détonateur pour enclencher la connexion entre les 3 géants (Chine-Corée-Japon) et les dix autres pays représentant une population de 544 millions de personnes. La naissance de cette Communauté d'Asie de l'Est est en train de provoquer un véritable tsunami. Les Etats-Unis invitent tous les pays riverains de l'Océan Pacifique à réfléchir à la possibilité d'une zone de libre-échange Asie-Pacifique. Angela Merkel, chancelière allemande, préconise, quant à elle, une négociation pour la création d'un libre-échange trans-atlantique.

L'ASEAN, clef de voûte du succès de la future communauté de l'Asie de l'Est

L'accord du libre-échange de l'ASEAN pourrait bien changer la nature avec la division interrégionale du travail en Asie de l'Est. Les deux accords de libre-échange de l'ASEAN avec la Chine (ACFTA) et avec la Corée de

Sud (AKFTA) signifiaient pour les entreprises japonaises, qui ne bénéficiaient pas encore des mérites du libre-échange avec les pays de l'ASEAN, qu'il était désormais plus avantageux d'exporter vers la Chine et la Corée du Sud à partir de leurs filiales implantées dans les pays de l'ASEAN.
Ainsi, on peut considérer que l'ASEAN devient ainsi une « plaque tournante » pour le développement des échanges intra-régionaux dans l'espace économique des trois groupes de pays : ASEAN plus trois pays (Chine-Corée-Japon) et l'AFTA (Asean Free Trade Association). On constate les mêmes sortes de conséquences dans les échanges commerciaux thaïlandais avec l'Inde et l'Australie à la suite des accords de libres-échanges signés respectivement en 2004 et 2005. Selon une enquête du JETRO effectuée en 2006, les entreprises japonaises sont supérieures en nombre à celles de Chine dans les pays de l'ASEAN ; on les considère aussi à un niveau supérieur quant à leur stabilité, la transparence dans la conduite de leurs affaires et la réalisation d'infrastructures. De plus, les industries de sous-traitance sont très développées dans la zone ; les avantages de coûts de main-d'œuvre sont plus importants dans certains pays de l'ASEAN où les entreprises chinoises et thaïlandaises commencent à se délocaliser (Cambodge, Laos).

Vers une intégration économique de facto des trois pays riverains de la mer Jaune : Japon, Corée, et Chine (plus Taïwan)

Les trois pays d'Asie du Nord (plus Taïwan) croient de plus en plus à une seule zone économique intégrée, nommée « zone économique de la mer jaune ». Malgré l'absence de discussions diplomatiques relatives à une alliance économique quelconque, ces trois pays sont devenus, après l'an 2000, la véritable locomotive de la croissance et du dynamisme de l'Asie de l'Est. Une sorte de DIT intra-industrielle est en train de naître entre ces pays. Les entreprises japonaises implantées en Chine importent des biens d'équipement, qui sont de plus en plus difficiles à se procurer sur place en raison de la surchauffe de la production chinoise (Nikkei, 2006). En 2005, les premiers produits exportés par la Chine vers le Japon étaient des produits du secteur de l'électronique et de la communication et non plus des produits textiles. La Corée du Sud exporte des produits électroménagers à destination des entreprises coréennes implantées dans les régions de l'Est et du Nord de la Chine ; il faut mentionner que ces régions comprennent une forte densité de population coréenne. Les entreprises taïwanaises implantées en Chine contribuent largement aux exportations chinoises de téléphones mobiles, d'ordinateurs portables, de panneaux à cristaux liquides et de circuits intégrés ; elles sont incontournables dans la région de Shenzhen.

Commerce triangulaire entre le Japon, l'Asie et les Etats-Unis

Le Livre Blanc du METI de 2006 explique qu'il existe actuellement une structure de commerce triangulaire entre l'Asie de l'Est et les pays occidentaux. Le mécanisme de ce système fonctionne ainsi : le Japon et les quatre pays-régions ANIES (Asian Newly Industralised Economies) fabriquent des produits d'équipements intermédiaires ; la Chine et les pays de l'ASEAN les importent pour assembler les produits finis et enfin, les pays occidentaux importent ces produits devenus produits de consommation finale. Selon le Livre Blanc du METI, ce commerce triangulaire en 2003 participait à hauteur de 23,1 % (440 milliards de dollars) des exportations totales de tous les pays réunis (Japon, Corée, Taïwan, Singapour, Hong Kong, Chine et ASEAN) contre seulement 16,7 % (208 milliards de dollars) en 1995. C'est une nouvelle DIT du commerce entre Asie, Amérique Pacifique et Océanie qui est en train de s'établir ; et L'APEC a signé un accord de libre-échange des pays d'Asie Pacifique (FTAAP) lors du sommet de Hanoï, en novembre 2006. Cependant, Jagdish Bhagwati, (2006) professeur à l'Université de Columbia, évoque les difficultés d'un tel accord dans un article paru dans le Financial Times. Il l'appelle le « spaghetti bowl », la prolifération des accords bilatéraux. Koichi Hamada, (2005), professeur à l'Université de Yale, croit pouvoir « transformer la fusion en lasagnes, mais les lasagnes ne peuvent être faites à partir de spaghettis ». A cela s'ajoutent le sentiment d'isolement de l'Inde et du Brésil et la juxtaposition des négociations de Doha qui déplait aux partisans du multilatéralisme.

Vers une véritable formation de la régionalisation économique

C'est peut-être désormais au tour de l'Europe de tirer la leçon du développement de l'intégration économique en cours en Asie de l'Est. Le contraste est frappant entre les modèles asiatique et européen. Le premier se dirige vers des étapes plus supérieures sur la base non pas d'initiatives politiques régionales mais d'une sorte « *d'asiatisation* » des entrepreneurs multinationaux. Après l'accord de libre-échange surprise signé entre la Corée du Sud et les Etats-Unis (2007), le gouvernement de M. Shinzo Abe s'est apprêté ensuite à conclure un accord de partenariat économique (EPA) avec les pays de l'ASEAN en 2008, puis avec les Etats-Unis (2008). La vague de libre circulation des biens et des capitaux, mais surtout de la main-d'œuvre ne fait plus exception (Mouhoud, 2005). Même la concertation régionale en matière monétaire commence à soulever un intérêt certain autour de la Banque Asiatique de Développement.

Perspective d'une intégration régionale plus avancée

Ironie de l'histoire, alors que la construction de l'Union européenne piétine plus que jamais devant les difficultés liées au contre-courant de la libre circulation des travailleurs et des capitaux, et aux inquiétudes face à l'élargissement des pays membres, la création de la communauté économique de l'Asie de l'Est progresse et n'est plus considérée comme une utopie. La concrétisation réelle de l'intégration économique en Asie avait du mal à percer à cause d'un certain pessimisme ambiant. Car elle était considérée comme une zone trop diversifiée, trop différente, peu démocratique et politiquement peu stable. En fait, plus on parle des défauts dans l'harmonisation des économies des pays d'Asie, plus les entreprises et les travailleurs se mobilisent, se déplacent pour contrecarrer le manque d'ouverture et de volonté politique qui pourrait institutionnaliser les idées de la construction et de l'unification asiatique tout entière. Il faut cependant noter qu'il y a eu certains leaders clairvoyants comme Mahatir et Lee Quan Yu qui ont songé à organiser une telle communauté.

La multinationalisation asiatique

Les firmes multinationales japonaises considèrent plus que jamais l'Asie comme une extension du marché domestique. Elles déploient une stratégie qui permet de distinguer la fragmentation (répartition du processus de production), organiser la re-localisation (retour pour contrôler tout le cycle), et la gestion de la territorialisation (économie des pôles de compétitivité). C'est ce que Suzanne Berger, (2006), Professeur au MIT, constate grâce à une enquête menée auprès de 500 entreprises ; mais c'est aussi ce qu'on constate par les enquêtes du JETRO et de la JBIC (Japan Bank for International Coopération). Depuis la fin de la peur des délocalisations liées à la menace chinoise, les Firmes Multinationales (FMN) japonaises sont prêtes à se mobiliser dans un espace économique plus étendu pour mener leur propre stratégie globale, notamment en Asie. Le livre blanc de JETRO (2006) indique qu'en 2005 le montant des IDE japonais à destination de l'Asie s'est élevé à 86 milliards de dollars (montant doublé par rapport à 1999). On prévoit une augmentation de la division internationale du commerce intra branche en Asie. Cette libre circulation des capitaux est d'autant plus dynamisée que les nouveaux capitaux nationaux commencent à suivre le chemin de la multinationalisation asiatique à l'instar des FMN japonaises et coréennes : TCL, Haiar (Chine), Sin Satellite, Summit (Thaïlande), YTL, Petronas (Malaisie), Creative Technology (Singapour), Medoco Energy International (Indonésie). Au plan régional, on discute de plus en plus sérieusement à la Banque Asiatique de Développement de la possibilité d'émettre des obligations en utilisant un panier de monnaies

constitué par des principales monnaies des pays d'Asie, et de former l'ACU (Asian Currency Unit).
Quant à la libre circulation de la main-d'œuvre en Asie, elle est plus fluide qu'il n'y paraît. Par exemple, les nouveaux retraités japonais s'apprêtent à quitter le pays et vont enseigner leur expérience et leur savoir-faire dans d'autres pays d'Asie. D'après le Financial Times, (2006), devant le boom économique de l'Asie, la diaspora chinoise d'Amérique, d'Europe, d'Océanie commence à penser à retourner en Asie. Les firmes japonaises n'hésitent plus comme par le passé à embaucher des travailleurs immigrés en provenance de pays d'Asie comme le fait l'usine Sharp dans la province de Mie (Japon).

Conclusion : à la recherche des conditions de l'avantage concurrentiel

L'éloignement géographique est aussi en train de s'amenuiser rapidement en raison du progrès et de la baisse des coûts du transport et des télécommunications. Les distances entre Tokyo et les 14 principales villes d'Asie de l'Est montrent que des villes comme Singapour, Kuala Lumpur, Bangkok, et Sydney sont devenues extrêmement accessibles durant ces 20 dernières années et que dans une certaine mesure, des villes comme Pékin, Chongqing, Ho Chi Minh Ville et New Delhi sont devenues moins éloignées. Ainsi, la firme Nippon Express a commencé à mettre en place, à partir du 1er octobre 2006, un nouveau système de transports intermodal intégré (bateaux-camions) entre l'archipel nippon et 80 villes chinoises allant du stockage jusqu'à la livraison (Nikkei, 2006).
Dans la nouvelle théorie du commerce international, on considère que la localisation des firmes est un résultat « endogène », déterminé par des variables. A partir de cette théorie, on peut démontrer que les entreprises asiatiques sont de mieux en mieux dotées des exigences requises pour participer aux conditions déterminantes de l'avantage concurrentiel.
Toutes ces réalités donnent à penser qu'en Asie, les conditions requises décrites par Robert Mundell (1968) sont plus avancées qu'il n'y paraît. Certes, il y a encore beaucoup de chemin à parcourir afin d'entreprendre un projet d'intégration économique régional, mais l'évolution des réalités l'emporte souvent sur les pronostics figés que l'on a de l'Asie.

Bibliographie

BERGER S., 2006, *Made in monde. Les nouvelles frontières de l'économie mondiale*, Seuil, Paris.
BHAGWATI J., 2006, *Financial Times*, November 3, « Why Asia must opt for open for regionalism on trade », London.

HAMADA K., 2005, *The future of global trade*, Corporate conference, Council of Foreign Relations, New York

JETRO, 2006, *World Trade and Investments*, White Paper, Official Publication Center, Tokyo.

NIPPON KEIZAI SHINBUN , 2006, "*Nittsu Chugoku ni teiki yuso*" (Service de transports réguliers de Nittsu en Chine), août, Tokyo.

NIPPON KEIZAI SHINBUN , 2006, "*Asean Takokuseki kigyo*" (les entreprises multinationales de l'ASEAN), août, Tokyo.

MOUHOUD EL Mouhoud, 2005, *"Mondialisation et délocalisation des entreprises"* Collection Repères, La Découverte, Paris.

MUNDELL R., 1968, *International Economics*, Macmillan, New York.

RODIER A., 2006, *Le Figaro Economique*, septembre, "Quand les Asiatiques rentrent au pays ", Paris

Chapitre 11

QUELLE INTEGRATION DE LA RUSSIE DANS LA ZONE ASIE-PACIFIQUE ?

Barbara A. DESPINEY-ZOCHOWSKA

La dislocation du CAEM (Conseil d'Assistance Economique Mutuelle) en 1991 a vu les anciens Etats membres rejoindre des blocs régionaux en formation. Ceux-ci, dans la région Asie du Sud Est et le Pacifique, jouent un rôle essentiel. En effet, il s'opère un déplacement du centre de gravité de l'économie mondiale du bassin Atlantique vers le bassin Pacifique et l'émergence d'un monde « triadique » : Amérique du Nord/Europe/Asie de l'Est, avec l'apparition d'un nouveau groupement d'Etats formé par l'APEC (Asia-Pacific Economic Co-operation). Ce phénomène est renforcé par l'émergence de deux nouvelles puissances régionales : la Chine et l'Inde. Une intégration de la Russie à cette nouvelle zone de croissance ne pourra que satisfaire le courant néo-eurasien auquel se réfère aujourd'hui, implicitement ou explicitement, l'ensemble de la classe politique russe. En 2009, il s'agit de savoir jusqu'à quel point l'émancipation civique de la société soviétique, associée à l'irruption des idées politiques venues de l'Ouest, ne serait-elle pas liée dans le domaine économique à une émancipation venue de l'Orient, c'est-à-dire du modèle asiatique ? Une autre question se pose : dans quelle mesure la Russie peut-elle bénéficier de l'actuelle croissance indienne et chinoise ? Pour essayer de répondre à cette question, nous analyserons la participation de la Russie à des nouveaux blocs qui se sont créés en Asie-Pacifique, ainsi que l'intégration de l'Extrême-Orient russe dans cette zone.

Changement des alliances et les nouveaux blocs régionaux

Selon les idées dominantes de la théorie du commerce international, des pays ou des régions proches géographiquement commercent davantage entre elles plutôt qu'avec les régions éloignées (Krugman et Obstfeld, 1996). La Russie étant géographiquement davantage située sur le continent asiatique qu'européen, il n'est pas étonnant de la voir se rapprocher de ses voisins asiatiques.

D'ailleurs, le rapprochement du marché asiatique par la Russie n'est pas nouveau, les principaux partenaires de l'URSS furent toujours les pays asiatiques limitrophes : l'Afghanistan, l'Inde, l'Irak, l'Iran et le Pakistan (même si ni l'Inde ni l'Irak n'ont jamais eu de frontières communes avec l'Union, ils étaient considérés comme tels). Les principes de cette coopération ont été énoncés par Lénine au début du pouvoir soviétique, et les premiers accords à long terme ont été conclus dans les années 1919-1930. La plupart d'entre eux ont été reconduits durant la décennie 1970-1980. L'Inde a occupé pendant plus de quarante ans une place privilégiée dans le tiers monde parmi les partenaires non communistes de l'URSS (les relations diplomatiques entre les deux pays ont été établies en 1947). C'est elle qui est devenue le partenaire modèle de l'URSS et ceci se comprend étant donné son poids économique en Asie et son niveau de développement dans certains secteurs industriels. Par exemple, la coopération soviéto-indienne dans le domaine de l'espace est un cas unique dans l'histoire de relations Est-Sud. L'URSS a activement contribué à l'industrialisation de l'Inde : de 1955 à 1970, le poste *machines et équipement* représentait 65-70 % des exportations russes vers ce pays. A partir de 1973, la part de cette catégorie de produits commence à diminuer drastiquement pour tomber à 11 % en 1983. L'Inde est devenue capable, à partir de ce moment-là, de produire elle-même une grande quantité de ses biens d'équipement. D'autre part, il s'agissait de diversifier ses sources d'approvisionnement. Ce pays a toujours été considéré comme l'exemple à suivre par d'autres pays dans le cadre du dialogue Nord-Sud (Despiney & Elkoubi, 1988). Tout au long de la coopération, les aspects politiques et militaires ont été indissociables de l'aspect purement économique dans le contexte de la guerre froide, surtout dans celui du conflit frontalier qui opposait l'Inde et la Chine (de 1959 à 1962). Le premier accord militaire entre les deux pays a été signé en 1962. Suivent ensuite la signature d'un traité de paix en 1971, d'un traité d'amitié et de coopération, puis d'un accord en mars 1979 d'une durée de 10 à 15 ans, visant à réactiver la coopération tant militaire qu'économique entre les deux pays. Ce dernier a servi de cadre à l'accord militaire de 1980, le plus important jamais conclu entre l'URSS et l'Inde et portant sur la vente d'armes soviétiques pour un montant total de 1,6 milliard de dollars. La coopération avec l'Inde était d'autant plus florissante que la rupture avec la Chine se prolongeait.

Aujourd'hui nous assistons à un changement notable dans les échanges entre les deux pays (Despiney-Zochowska, 2008).

Depuis la fin des années quatre-vingt, divers modèles de coopération sont en discussion dans cette partie du monde, mais c'est avec l'effondrement de l'ancienne Union soviétique et la politique d'ouverture de la Russie que de tels modèles ont pris de l'importance. Avec ses anciennes républiques asiatiques elle fait à présent partie de la Communauté des Etats Indépendants (CEI) ; il s'agit de l'Arménie, de l'Azerbaïdjan, de la Géorgie, du Kazakhstan, du Kirghizstan, de l'Ouzbékistan, du Turkménistan et du Tadjikistan. Par ailleurs, depuis 1996, la Russie, la Chine, le Kazakhstan, le Tadjikistan et l'Ouzbékistan forment l'Organisation de Coopération de Shanghai (OCS). Une autre entité régionale, devant accélérer l'intégration des pays de la zone, a vu le jour en Asie - Pacifique : Asia-Pacific Economic Co-operation (APEC). L'APEC en 1998 regroupe vingt et un pays : l'Australie, le Brunei, le Canada, le Chili, la Chine, la Corée du Sud, les Etats-Unis, Hong-Kong, l'Indonésie, le Japon, la Malaisie, le Mexique, la Nouvelle-Zélande, la Papouasie Nouvelle Guinée, le Pérou, les Philippines, la Russie, Singapour, Taïwan (Chinese Taipei), la Thaïlande et le Vietnam. Les pays participants à ce nouveau bloc sont si différents par leur poids économique qu'une coopération plus étroite semble pour le moment impossible. L'APEC n'est considérée pour le moment, que comme un forum intergouvernemental, que la Russie a rejoint en novembre 1998. Même si la coopération n'est que de faible importance pour le moment, rejoindre ce bloc était pour la Russie une nécessité, car ne pas y participer aurait été une erreur, pour reprendre les thèses de Krugman (Krugman, 1993). L'importance de la démarche de la Russie, pour devenir membre de l'APEC, est d'autant plus importante que l'organisation a annoncé la création dans la région d'une zone de libre-échange en l'an 2020, à laquelle Russie voudrait participer.

Parmi les membres de l'APEC, ce sont les Etats-Unis, la Chine et le Japon qui détiennent les premières places dans le commerce russe, respectivement pour Etats-Unis et la Chine pour les exportations, et la Chine et le Japon pour les importations (voir les figures 11.1 et 11.2). Le quatrième partenaire de la Russie dans l'APEC est la Corée du Sud, plus particulièrement pour les importations russes.

Figure 11.1

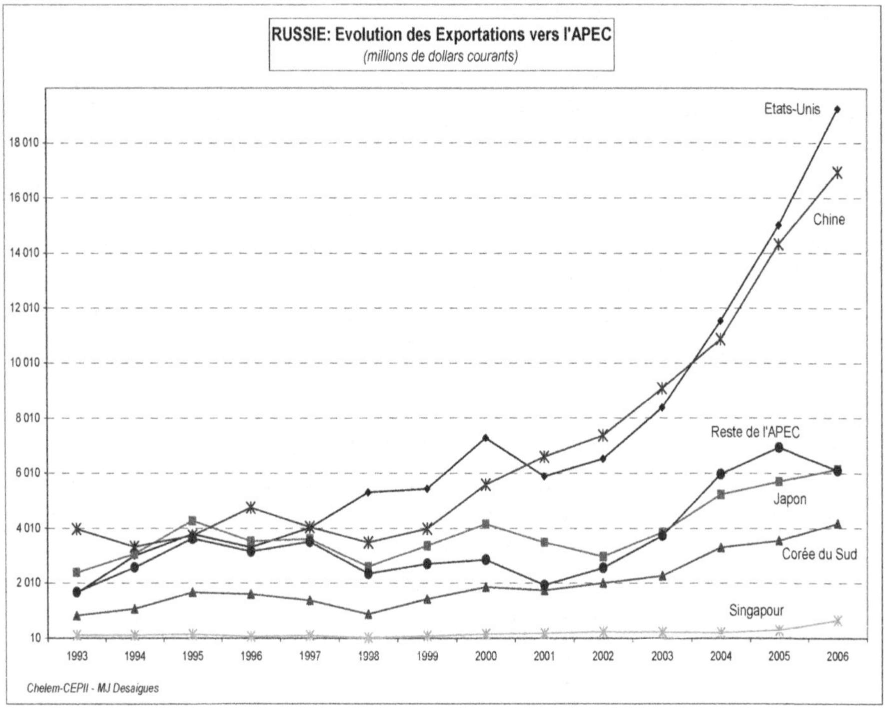

Figure 11.2

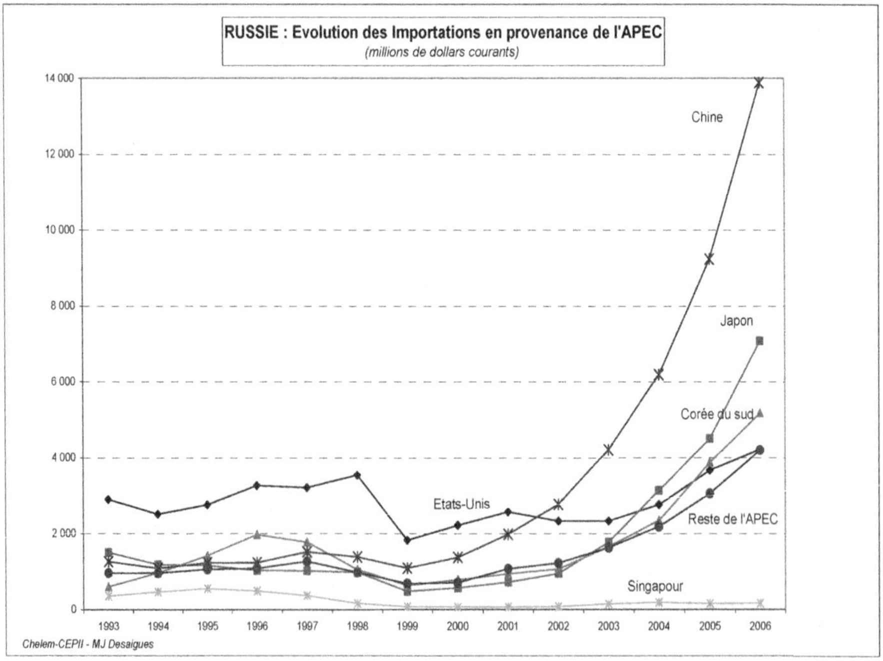

Echanges Russie - Inde de 1992 à 2005

En 2005, les échanges de la Russie avec l'Inde sont bien différents des échanges de la Russie avec ses nouveaux partenaires de l'APEC. Cependant depuis 1989, sur une période allant de 1992 à 2005, les exportations de la Russie en direction de l'Inde ont triplé, et les importations doublé. Pour la même année, en 2005, la Russie est redevenue le premier partenaire de l'Inde parmi les anciens pays socialistes avec 1,7 milliard de dollars pour les exportations, et 709 millions de dollars pour les importations. Cependant, les échanges mutuels russo-indiens ne représentent aujourd'hui que 2 % du commerce mondial.

Figure11.3

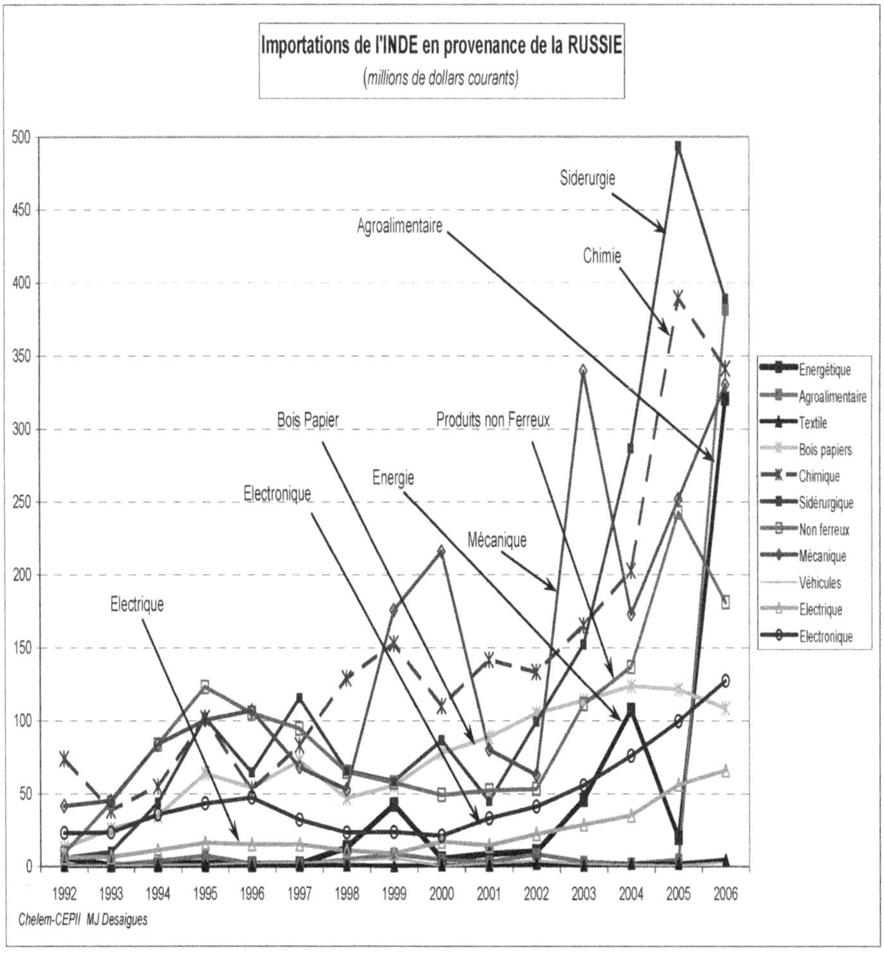

Entre 1992 et 2006, les trois postes les plus importants dans les importations indiennes en provenance de la Russie sont les produits sidérurgiques, dont les importations ont augmenté de façon spectaculaire depuis 2001, suivies par les produits chimiques et la mécanique. A partir de 2005 deux nouveaux postes apparaissent, ce sont l'agroalimentaire et l'énergie.

Figure 11.4

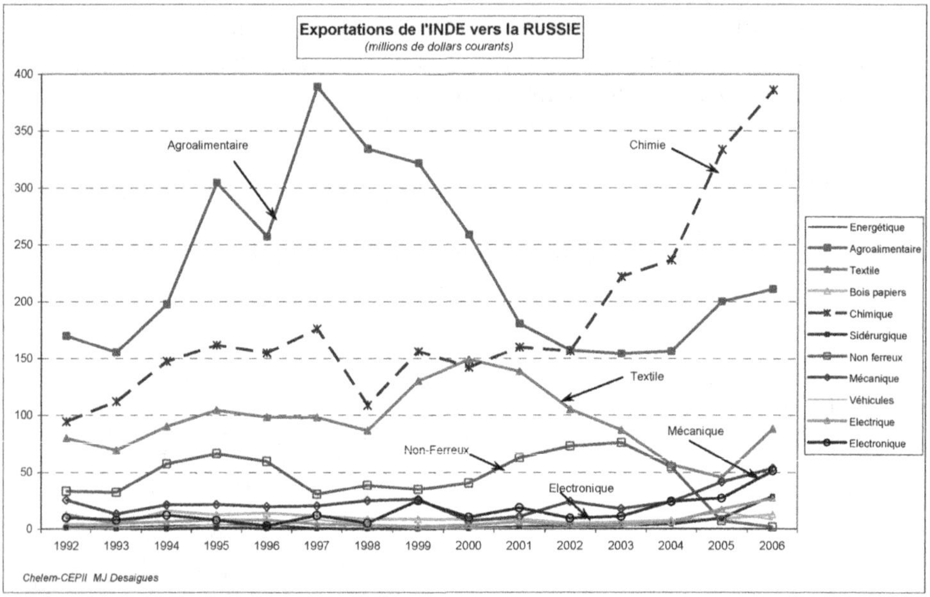

Pour les exportations, l'Inde exporte vers la Russie principalement des produits agroalimentaires dont le montant baisse de moitié entre 1997 et 2006, suivis des produits chimiques, qui au contraire augmentent dans les exportations indiennes à partir de l'an 2002. Le troisième poste est les textiles ; après une baisse entre 2000 et 2005 il amorce une hausse.

Les retrouvailles sino-russes

A long terme, dans les échanges avec l'Asie, les retrouvailles sino-russes nous semblent fondamentales. Elles coïncident avec la visite effectuée à Pékin en 1982 par le vice-ministre soviétique des affaires étrangères, M. Ilitchev. Cette date semble d'ailleurs marquer la reprise réelle des relations entre la Chine et toute l'Europe de l'Est, après de longues années de brouille. La reprise russo-chinoise est définitivement couronnée par le sommet Deng - Gorbatchev à Pékin au mois de mai 1989. Ce sommet se solde par un accroissement important des échanges commerciaux entre 1989 et 2005.

Tableau 11.1 : Echanges commerciaux sino - russes entre 1989 et 2005

Unité : millions de dollars

	1989	1990	1991	1992	1993	1994	2002	2005
Export	1848,0	2 048,0	1 860,0	1 330,0	2 900,0	2834,0	_	_
Import	2147,0	2 213,0	2 109,0	3 520,0	4 000,0	952,0	_	_
Total	3995,0	4 261,0	3 969,0	4 850, 0	6 900,0	3786,0	12000,0	29000,0

Source : J. Rowinski, 1994, « China, Central and Eastern Europe : a New Relationship », *Issues and Studies : a Journal of Chinese Studies and International Affairs*, Taipei, vol. 30, n° 2, février, p. 58 ; S. Colin, 2003, "Le développement des relations frontalières entre la Chine et la Russie », *Les études du CERI*, N° 96, juillet ; V.Kolossov, 2008, *La Chine, nouvelle frontière de l'Extrême-Orient russe »*, Séminaire « Nouvelles identités dans l'espace post-soviétique », l'INALCO, 24 novembre.

La Chine devient à présent le principal partenaire de la Russie en Extrême-Orient et son deuxième partenaire à l'échelle du pays, après l'Allemagne. C'est elle qui occupe la première place en Extrême-Orient pour ce qui est des joint-ventures. Sur le plan local, les retrouvailles se manifestent par une importante augmentation des échanges frontaliers (leur reprise est visible dès 1982). Sur 29 milliards de dollars d'échanges sino-russes en 2005, 10 milliards incombent aux échanges frontaliers (Kolossov, 2008). Outre leur dynamisme, ces échanges sur le plan national se caractérisent par une modernisation accélérée. La modernisation a commencé en 1987, la date à laquelle commencent à s'appliquer les accords signés en juillet 1985. Et si à l'importation rien n'a changé (en 1992 les biens de consommation courante représentaient 53 % des importations en provenance de Chine et les produits alimentaires 27 %), les exportations font apparaître des changements notoires. Les produits primaires ou de première transformation (fonte, laminés, bois scié, pétrole et produits pétroliers) ont fortement régressé au bénéfice des machines, équipements et moyens de transport, dont la part a progressé de 15 points entre 1987 et 1989 (leur part s'est stabilisée en 2006 aux alentours de 30 %).

Les retrouvailles russo-chinoises se manifestent par une importante augmentation des échanges frontaliers. Ces échanges permettent en effet à des régions éloignées des centres de production du pays de parer aux difficultés d'approvisionnement pour certains produits, de trouver un marché d'écoulement pour les produits et une main-d'œuvre bon marché. Le commerce frontalier concerne tout d'abord les deux voisins les plus importants de la Russie : le Japon et la Chine. Le durcissement de la politique des visas en 1994 a fait chuter le commerce réciproque de 34 %, il remonte par la suite, pour tripler entre 1989 et 2002. En 2005, ces échanges sont évalués à 10 milliards de dollars (Kolossov, 2008). Les autorités chinoises ont pris des dispositions nouvelles par rapport au commerce frontalier à partir du 1er avril 1996. La notion même du commerce frontalier a changé et englobe à présent les échanges qui se situent dans une bande ne dépassant pas 30 km au-delà de la frontière. L'entrée de la Chine dans l'OMC a « civilisé » quelque peu ces échanges, la part des échanges « gris » ayant sensiblement diminué (Kolossov, 2008). En effet, avant la reprise en main de V. Poutine, 90 % de ces échanges échappaient à la maîtrise du pouvoir central se faisant directement soit par les entreprises, soit par les autorités régionales. A partir d'un volume relativement restreint, les échanges frontaliers jouent un rôle non négligeable dans l'économie des régions éloignées de Moscou, et spécialement en Extrême-Orient russe. En 1997, le poids de ces échanges se déplace vers l'ouest (Blagoveschensk) à la suite de la création d'une zone de libre circulation d'une superficie de 10 km2 et sans obligation de visas.

Intégration de l'Extrême-Orient russe dans la zone Asie - Pacifique

L'Extrême-Orient russe couvre une superficie de 6,2 millions de kilomètres, ce qui représente 36,4 % de la surface totale de la Russie, et compte 6,7 millions d'habitants. Situé sur les rives de l'océan Arctique et du Pacifique, il jouxte les pays suivants : la Chine, le Japon, la Corée du Nord et les Etats-Unis. Cette position géographique donne à la région une importance toute particulière sur le plan international, à une époque où la zone Asie - Pacifique joue un rôle majeur dans l'économie mondiale (Despiney-Zochowska, 1993, 1994, 2007). La région est composée de dix entités administratives :

- Primorski Kraï ;
- Khabarovski Kraï ;
- Région de l'Amour ;
- Région du Kamtchatka ;
- Région de Magadan ;
- Région de Sakhaline ;
- Région autonome juive (Birobidjan) ;
- Région autonome des Tchouktches ;
- Région autonome des Koryak ;
- Région autonome de Yakoutie (République de Sakha).

Depuis le 1er janvier 2007, l'oblast de Kamchatka a intégré le territoire autonome de Koryak.

Le fournisseur de matières premières

En 2009, « le syndrome hollandais » dont souffre la Russie a des répercutions sur le plan régional. Les régions riches en ressources naturelles ont bénéficié des effets positifs de l'exploitation des matières premières ou de l'énergie, à l'inverse, les régions industrielles et agricoles ont souffert des effets négatifs. Pour ce qui est de l'Extrême-Orient, il appartient au premier groupe. En effet, sur le plan de l'activité économique, l'Extrême-Orient reste tout d'abord un fournisseur de matières premières : sa part dans l'industrie d'extraction du pays représente 15 % (seule la Sibérie occidentale la dépasse avec une part égale à 36 %). Les régions de Magadan et de Yakoutie possèdent les réserves d'or les plus importantes de Russie, elles fournissent au Gouvernement central de 200 à 300 tonnes d'or par an, et 100 % de leur production des diamants. L'île de Sakhalin possède d'importants gisements de gaz et de pétrole. A la fin des années quatre-vingt, l'Extrême-Orient fournissait 40 % de la production nationale de pêche (poissons et fruits de mer), 13 % de la production de bois, 14 % de tungstène, 50 % d'or, 80 % d'étain, 90 % de bore et 100 % de diamants. Pour ce qui est du domaine agricole, se sont développés les cultures de clairières et l'élevage des animaux à fourrure (l'élevage fournit 70 % des revenus agricoles et 40 % des terres arables sont consacrées aux fourrages). De toutes les régions de l'ex-URSS, l'Extrême-Orient est celle où la part des terres arables est la plus basse : 0,47 % de la surface totale. Et c'est au complexe agro-industriel de la Région de l'Amour qu'incombe le rôle du grenier de l'Extrême-Orient russe car celle-ci concentre plus de 55 % de terres cultivées et produit un tiers du lait et de viande, 70 % de soja, plus de 60 % des céréales. L'Extrême-Orient est une région composite, où des circonscriptions très militarisées voisinent avec d'autres où dominent les industries du bois et de la pêche. On retrouve ici une forte variation du niveau d'activité au sein de la région. Mis à part le rôle de cette région comme fournisseur des matières premières, c'était sur le plan militaire que celle-ci était prépondérante. Le poids du complexe militaro-industriel se mesurait par l'importance de la part qu'occupait l'industrie lourde dans la production industrielle de la région. L'industrie d'armement a cessé de jouer le rôle moteur dans la région. Et pourtant au début de la transition, ces provinces ont encore été dominées par le secteur de l'industrie lourde pour l'armement, citons les provinces de Khabarovsk, de Komsomol sur Amour où ces activités ont le mieux résisté à la dépression.

La transition économique

Depuis la transition la dépendance de l'Extrême-Orient par rapport à ses fournisseurs russes hors zone semble s'estomper. Un certain rééquilibrage entre les branches exportatrices et les branches produisant pour le marché régional était déjà amorcé durant la décennie 1980. Les tendances centrifuges se sont renforcées du fait de l'éloignement de la région par rapport aux centres de décision politiques et économiques. Cette tendance s'affirme de plus en plus en confirmant la lente intégration de la région dans la zone Asie - Pacifique.

L'Extrême-Orient a longtemps dépendu des subventions massives de l'Etat et se caractérisait par la prépondérance d'un complexe militaro-industriel. En effet, l'ancienne politique régionale (celle de l'URSS) a mené à une situation paradoxale où le pays avait été coupé en deux : en premier lieu, une partie composée des régions « donneuses » ; en deuxième lieu, l'autre partie, composée de régions « récipiendaires de l'aide » (Dmitrieva, 1992). La région de l'Extrême-Orient appartenait à cette deuxième catégorie. Cette politique favorisait la monoculture et maintenait des structures socio-économiques obsolètes. Le passage abrupt d'une politique régionale ancienne à une différenciation des traitements, exigée par la transition dans le cas de l'Extrême-Orient, s'est avéré néfaste. Cette politique a rendu la transition particulièrement difficile, d'autant plus qu'elle abrite la flotte du Pacifique en pleine décomposition. Sur le plan de la privatisation, par exemple, le choix des modes de privatisation a eu une importance majeure pour cette région. La prise en compte de la spécificité de l'Extrême-Orient semblait indispensable sur le plan national au début de la transformation socio-économique et politique qu'a traversée la Russie. Après une période d'espoir suscité dans les années 1990-1991, par les activités de l'Association des Soviets d'Extrême-Orient, et qui s'est soldée par l'élaboration d'une conception d'autonomie régionale devant accélérer l'intégration de la région à la zone Pacifique, la situation en 2006 a changé. Plusieurs travaux sur l'économie russe confirment la difficulté pour des régions éloignées du « Centre », comme ceci est le cas de l'Extrême-Orient russe, de s'adapter à la nouvelle situation. L'accroissement du déficit budgétaire russe en 1991-1992 et l'aggravation des conditions de financement des entreprises publiques ont accéléré le processus de restructuration et Etats-nations de l'économie de la région. De plus, la politique déflationniste de 1993, introduite après le départ d'Egor Gaïdar, a encore approfondi la crise, entraînant une baisse généralisée de la rentabilité des entreprises (celles d'Extrême-Orient étant doublement pénalisées par le coût élevé de l'énergie et du transport). Le nombre d'entreprises en difficulté passait de l'indice 10,9 à 11,8, ce qui indiquait un chiffre plus élevé en Extrême-Orient par rapport à l'échelle du pays dans son ensemble, respectivement pour les années 1992 et 1993. Il s'ensuit que l'endettement global de ces entreprises était de 29 % plus élevé que l'endettement national. La configuration et la dynamique des échanges interrégionaux à la fin des années quatre-vingts a confirmé encore une fois le rôle de l'Extrême-Orient sur le plan national comme fournisseur de matières premières. En effet, dans l'économie soviétique le « Centre » a toujours considéré le « périphérique » ou le local seulement en fonction de l'importance que pouvait avoir le territoire en question face aux problèmes de défense, de ressources exportables pourvoyeuses de devises, de poids et d'influence du territoire sur l'économie nationale. Cette volonté du Centre de faire de l'Extrême-Orient une région productrice de matières premières, renforcée par une exploitation excessive de ses ressources naturelles, ainsi qu'une centralisation à outrance ont eu pour effet de soulever une opposition massive des autorités locales au début de la transition. Faute d'investissements, la décapitalisation commencée à la fin des années 1980 a continué. Après les résultats spectaculaires du commerce extérieur en 1992, la tendance fut à la baisse tout au long des années quatre-vingt-dix. Depuis, aucune modification de la structure des exportations n'est intervenue : pour 60 % elles sont composées des produits de l'industrie forestière, de la pêche et des combustibles. De plus, la politique fiscale menée par le Centre pénalise ces exportations qui deviennent de moins en moins compétitives face aux produits provenant de la Chine, de la Corée du Sud, de Taïwan, et de Singapour.

Les migrations

Au début de la transition la population de l'Extrême-Orient, qui comptait environ 8 millions de personnes, était composée de la façon suivante :
- les Russes constituaient 79,8 % de la population ;
- les Ukrainiens 7,8 %
- les Yakoutes 4,6 %
- les Tartares et les peuples autochtones du Nord 2,2 %
- les Biélorusses 1,2 %
- les autres nationalités 4,4 %

Depuis la transition un important exode a eu lieu. Si encore en 1995 cette population comptait 7,5 millions de personnes, déjà en 2002 la population baissait à 6,7 millions, et en 2008 elle avoisinait 6,5 millions. Tout un ensemble de facteurs est à l'origine du reflux de population observé dans l'Extrême –Orient russe. Parmi ceux-ci on relève surtout l'éclatement de l'URSS, en particulier au Nord et à l'Est du pays, les régions qui étaient largement peuplée de migrants venus de Républiques slaves non - russes – surtout de l'Ukraine et de la Biélorussie. Ces populations ont tendance à revenir dans leurs foyers « ethniques ». Il en est de même pour le Birobidjan, ou la population juive ne représente que 2 % de la population, la majorité étant parti pour Israël (Kolossov, 2008). Si l'on opère une comparaison sur dix ans, alors on constate que le nombre d'immigrants dans la Région en 1996 ne représente plus que 28,7 % de ce nombre par rapport à 1986. A son tour, ce flux se retourne entraînant avec lui – comme on l'a vu plus haut – une partie de la population installée depuis longtemps. Ainsi n'est-ce pas un hasard si le phénomène migratoire est devenu facteur de décroissance démographique en Extrême-Orient. Cette émigration est la suite logique de la libération des prix, de la chute de la production, la faiblesse des salaires, des conditions de travail peu satisfaisantes ainsi que des problèmes de logement. L'Extrême-Orient a perdu ses avantages comparatifs d'antan en matière économique. De là une profonde détérioration de l'économie locale et une chute drastique du niveau de vie de la majorité des habitants après 1991. Sur le plan des salaires, les régions composant l'Extrême-Orient bénéficiaient de salaires plus élevés que l'ensemble de l'URSS, à l'instar de la Sibérie occidentale et orientale, ainsi que des régions d'Orlov et de l'Oural. Les sept départements extrême-orientaux se trouvaient parmi les dix premières régions à l'échelle du pays à disposer des salaires les plus élevés. De nombreuses études parues ces dernières années ont clairement démontré les effets pervers du système de primes et d'avantages salariaux pour les travailleurs de l'Extrême-Orient. Ce système n'a aucunement amélioré les performances sur le plan de rendement du travail, c'est même le contraire qui s'est produit. En ce qui concerne la productivité du travail par tête d'habitant, tant dans l'industrie que dans l'agriculture, la région étudiée est à la traîne (selon le classement de Korneev). Dans cette catégorie, elle se trouve à côté de la Sibérie orientale. En ce qui concerne l'indice du niveau de vie, l'Extrême-Orient (sauf l'Amourskaïa Oblast) a été placé dans la catégorie « spéciale » regroupant les régions où la production industrielle par tête d'habitant varie entre 2 700 et 4 600 roubles, la production agricole de 142 à 424 roubles et où le taux de croissance est plus bas que la moyenne du pays.

Présence chinoise en Extrême-Orient russe

Les échanges frontaliers

La coopération transfrontalière russo-chinoise prend surtout la forme d'échanges transfrontaliers qui débutent avant la transition russe et se développent encore davantage avec la perestroïka. D'un volume relativement restreint au début de la transition, les échanges frontaliers jouent un rôle non négligeable dans l'économie des régions éloignées de Moscou, et spécialement en Extrême-Orient russe. Ils permettent à cette région de parer aux difficultés d'approvisionnement en certains produits ainsi que de repérer un marché d'écoulement pour ses propres produits et de trouver une main-d'œuvre bon marché. L'effet de proximité des zones d'échanges frontaliers a un caractère très fortement positif sur le niveau d'activité des populations vivant de part et d'autre de la frontière.

En Chine, depuis la reprise du commerce frontalier en 1982, la législation visant à accroître l'autonomie régionale s'est considérablement développée. Le sommet Deng - Gorbatchev à Pékin au mois de mai 1989 ne pouvait qu'encourager le développement des échanges frontaliers. Auparavant, en mai 1988, Moscou levait le monopole des échanges jusqu'alors réservé à l'Organisation orientale du commerce extérieur (Vostokintorg), autorisant ainsi toutes les provinces, régions autonomes et entreprises locales à commercer librement selon leur propre décision. Ce sont les deux provinces côtières : Primorskij et Khabarovskij Kraï, ainsi que la région frontalière de l'Amour qui exportent le plus vers leurs voisins directs, le Japon et la Chine. Quant à la Chine, en 2008 elle a détenu 42 % des échanges commerciaux de l'Extrême-Orient russe (38 % des échanges de Primorskij Kraï, et 47 % de Khabarovskij Kraï (Kolossov, 2008). L'analyse de ces échanges a montré que 50 % des exportations chinoises vers l'Extrême-Orient étaient composées de produits originaires de la province frontalière de Heilongjiang. Les spécialistes s'accordent à dire que l'économie de l'Extrême-Orient et celle des régions frontalières chinoises sont complémentaires. Mais leur rôle comme moteur du développement régional et surtout comme facteur de modernisation est minime, car il s'agit avant tout de produits de consommation courante. Le rôle moteur de ces échanges dans le développement régional et surtout comme facteur de modernisation est minime. Il ne s'agit avant tout que de produits de consommation courante qu'on trouve en excédent et dont la qualité ne satisfait pas toujours les exigences des acheteurs russes. Ces produits sont par contre très compétitifs.

L'importance des relations locales non marchandes au sein de communautés qui continuent d'exister dans la période post-socialiste, malgré l'introduction d'une monnaie « active » et de la propriété privée est particulièrement visible en Extrême-Orient russe. Le "*barter*" est devenu la forme principale du commerce russo-chinois. Les relations informelles et illicites ont pris des proportions inquiétantes, les Russes craignant surtout des Chinois. L'hostilité manifestée envers l'esprit d'initiative chinoise et la peur des nouveaux immigrants chinois en Extrême-Orient en sont la preuve flagrante. La longue histoire économique de la Chine et la culture capitaliste, inscrite dans la mémoire nationale, ont permis l'enracinement d'un esprit commercial et entrepreneurial dans les régions qui jouxtent la frontière avec la Russie favorisant aujourd'hui l'initiative individuelle. Ainsi, les Russes dénoncent "les communautés chinoises qui dirigent à présent tous les autres groupes ethniques présents dans l'Extrême-Orient russe". Le peuplement chinois dans les campagnes russes avec l'installation de "villages chinois" est également dénoncé, ainsi que le "pillage des ressources naturelles" et la volonté non cachée d'enrichissement rapide manifestée par les Chinois. Ces derniers sont soupçonnés de vouloir regagner les terres perdues et, sous couvert d'une coopération économique, de faire valoir leurs prétentions territoriales. Cette tendance a exagéré l'expansion chinoise sur tout le territoire russe et est encore vraie en 2006. En réalité, la loi sur la propriété des terres permet aux Chinois de prendre la terre, en exploitation sous forme d'un bail. Les chiffres officiels, de 1994 à 1999, permettent de se rendre compte de la situation réelle, comme l'explicite le tableau 11.2.

Tableau 11.2 : la population chinoise dans le Primorskij Kraï (1994-1999).

Unité : Nbre de personnes

	Visiteurs chinois (total et sans visa)		Installation clandestine
1994	40 000	18 500	14 400
1995	35 000	18 500	11 200
1996	35 500	21 000	1 065
1997	52 000	39 000	468
1998	73 000	61 000	292
1999	80 287	-	-

Source : S. Colin, 2003, "Le développement des relations frontalières entre la Chine et la Russie », *Les études du CERI*, N° 96, juillet.

Chinois, Vietnamiens et Coréens du Nord constituent la main-d'œuvre principalement saisonnière. On note des arrivées de contingents importants sur les chantiers industriels et agricoles, par exemple plus de 17 000 personnes par an dans le seul Khabarovskij Kraï. En 2005, les estimations officielles faisaient état de 200 000-300 000 personnes sur tout le territoire de l'Extrême-Orient russe (Kolossov, 2008). Comme l'écrit S. Colin « malgré la permanence de l'antagonisme, les populations locales russes sont devenues plus pragmatiques : elles sont conscientes qu'une coopération économique avec la Chine est malgré tout bénéfique à la région » (Colin, 2003).

Les investissements chinois

En Russie, face à des difficultés de financement et à la faiblesse de l'épargne populaire dans la région de l'Extrême-Orient, où la très grande concentration de la production exige des investissements massifs, un appel aux entrepreneurs et aux capitaux étrangers est indispensable. La concentration dans les pays limitrophes impliquait d'importants moyens financiers ; cette concentration pouvait être considérée comme une chance pour le processus de privatisation en cours. Cependant, les investissements étrangers du côté de l'Extrême-Orient se sont fait attendre de la même manière que dans la Fédération de Russie tout entière. Le chaos législatif et l'instabilité politique russe en étaient les causes principales. Le Japon, principal bailleur de fonds dans la région, s'est toujours intéressé aux richesses naturelles russes, mais en fait ses investissements se sont dirigés vers d'autres pays d'Asie, comme la Chine, et non pas vers la Russie. Au début de l'année 1995, on a enregistré dans la région 1015 sociétés mixtes, mais seules 580 sociétés ont mené une véritable activité. A l'époque, c'était la Chine qui occupait la première place en Extrême-Orient pour ce qui était des joint-ventures. Leur participation était particulièrement visible dans le Khabarovski Kraï. L'attractivité du marché intérieur de l'Extrême-Orient (et de la Russie toute entière) pour les investisseurs étrangers avait baissé en 1993, suite à la décision du Gouvernement d'annuler tous les avantages accordés aux investisseurs étrangers. La décision de les rétablir à partir de la moitié de 1994 a été trop tardive et ne concernait que de gros investisseurs ; de telles décisions ont toujours été inadaptées dans le cas de l'Extrême-Orient, région où les investissements en millions de dollars étaient à l'époque une utopie. La somme totale d'IED investie en Extrême-Orient en 1994 avait atteint la somme de 40 millions de dollars (sur 1 milliard investi en Russie). Une tendance à la hausse semblait se confirmer durant les trois premiers mois de 1995. Sur 6,8 milliards de dollars investis en Russie entre 1992 et 1996 seuls 8,6 % incombait à l'Extrême-Orient. Ces investissements se répartissaient de façon suivante :

Khabarovskij Kraï	166 millions de $ (2,4 %)
Sakhalinskaja Oblast'	165 millions de $ (2,2 %)
Primorskij Kraï	139 millions de $ (2,0 %)
Magadanskaja Oblast	118 millions de $ (1,1 %)
Kamchatskaja Oblast'	58 millions de $ (0,9 %).

Les entreprises mixtes russo-chinoises présentent toutes les mêmes caractéristiques : rares sont celles qui se consacrent à la production industrielle, la majorité ayant dédié leur activité principale à la production et à la distribution de produits de consommation courante. Leur apport financier est minime. Il s'agit de petites entreprises localisées surtout dans l'hôtellerie. Une partie non négligeable de ces entreprises sert de façade à une activité illégale qui consiste à introduire en fraude de la marchandise chinoise sur les marchés européens et américains. La présence chinoise s'est encore renforcée suite au réchauffement des relations entre les deux pays. A partir de 1996, c'est Primorskij Kraï qui devient la principale direction des investissements étrangers, et parmi les investisseurs la Chine occupe toujours la première place (cf. tableau 11.3).

Tableau 11.3 : Les entreprises à capitaux étrangers ou mixtes dans Primorskij Kraï (1996-2001) Unité : Nombre d'entreprises et pourcentage

	1996	1997	1998	1999	2000	2001
Chine	98 30,6%	99 29,0%	102 33,6%	121 33,6%	176 36,5%	196 37,8%
Corée du N.	3 0,9%	3 0,8%	2 0,6%	2 0,5%	3 0,6%	2 0,4%
Corée du S	30 9,3%	40 11,7%	30 9,9%	41 11,4%	62 12,9%	74 14,3%
Etats-Unis	60 18,7%	59 17,3%	40 13,2%	39 10,8%	44 9,1%	47 14,3%
Hong-Kong	7 2,18%	5 1,5%	7 2,3%	7 1,9%	10 2,0%	10 1,9%
Japon	48 15%	51 15%	27 8 ,9%	26 7,2%	29 6,0%	30 5 ,6%
Singapour	10 3,1%	10 2,9%	6 2,0%	6 1,6%	6 1,2%	6 1,1%
Taïwan	4 1,2%	4 1,1%	2 0,6%	2 0,5%	2 0,4%	1 0,2%
Vietnam	5 1,5%	4 1,1%	3 1,0%	6 1,6%	8 1,6%	10 1,9%
Total	320	340	303	360	482	518

Source : S. Colin, 2003, « Le développement des relations frontalières entre la Chine et la Russie », *Les études du CERI*, N° 96, juillet.

La zone économique spéciale de Nakhodka

Quand ils s'y installent, les investisseurs étrangers se rendent surtout dans la zone économique spéciale de Nakhodka. Cette zone a été créée le 14 juillet 1990 par une résolution du Soviet suprême et l'accord a été signé par B. Eltsine. Puis, une deuxième résolution du 27 mai 1991 confirmait la naissance de la zone « Sakhaline ». La décision de créer une zone économique franche dans la République autonome juive, appelée « Eva », fut prise le 3 juin 1991. En ce qui concerne Nakhodka, qui est devenue la zone pilote dans la région, elle devait se spécialiser dans la transformation de matières premières et de fruits de mer. Sur ordre du ministre de la Défense, l'aéroport militaire de Zolotaïa interentreprises (à 20 kilomètres de Nakhodka) a été reconverti en zone de transport de passagers et de marchandises. L'installation de deux *technoparcs*, l'un américain et l'autre sud-coréen, a été envisagée. Il s'agissait de premiers investissements importants : 240 millions pour le premier et 400 millions pour le second. La ville a mis à leur disposition respectivement 140 et 300 hectares de terres sous forme de baux de 70 ans. On a procédé à la privatisation du chantier naval, sous forme d'actionnariat des travailleurs, ainsi qu'à la création d'une banque de commerce et d'une bourse des valeurs (Despiney-Zochowska, 1997). Avec l'adoption du décret du président, le 4 juillet 1992, une subvention de 2,2 milliards de roubles a été accordée à Nakhodka pour permettre le financement de l'activité économique grâce à des crédits à faible taux d'intérêt : de 10 à 15 % (à l'époque le taux de la Banque centrale était de 80 %).

Mais, l'exemple de Nakhodka fournit surtout la preuve flagrante d'un marchandage politique Centre - région pour la distribution des subventions fédérales. Par exemple, faute d'une loi claire sur les zones franches, l'Administration de Nakhodka a dû négocier avec le Centre le rétablissement des facilités douanières qui lui ont été retirées avec l'entrée en vigueur, le 18 juillet 1993, du nouveau code sur les tarifs douaniers. Cette négociation a porté ses fruits en septembre 1994 sous la forme d'un décret gouvernemental créant à Nakhodka des sous zones bénéficiant de facilités douanières.

Le port de Nakhodka couplé à celui de Vostotchnyj a vocation de devenir un point de transit important entre la zone du Pacifique et l'Europe, grâce au chemin de fer transsibérien : la voie « Baltique - océan Pacifique » est le chemin le plus court entre l'Europe et l'Asie. Les Russes évaluent le transit à travers la Sibérie comme étant d'un tiers plus court et d'un quart moins cher que la voie maritime, celle du Canal de Suez et de l'océan Indien. La capacité du Transsibérien est actuellement de 120 millions de tonnes de frets par an (Kolossov, 2008). La capacité de transbordement de Vostotchnyj (le terminal du train), est de 40 millions de tonnes par an, ce qui lui donne un avantage de taille sur Vladivostok saturé et ne pouvant accueillir de nouvelles structures portuaires. En 2006, les deux projets majeurs de la zone restent toujours les deux technoparcs : Korean Industrial Complex (*export processing zone*) et Pacifik Industrial Parc américain (*mixed zone*). Le premier devait bénéficier des avantages fiscaux à partir du moment où 50 % des produits fabriqués sur place seront exportés. Ces avantages concernaient tout d'abord les impôts directs (absence totale durant les cinq premières années, et une baisse de 50 % pour les trois années suivantes) puis, une baisse de 50 % sur la TVA. Le Programme de développement de la région à l'horizon 2005 prévoyait la création de cinq nouvelles zones franches : «Grand Vladivostok», « Vanino », « Blagovechtchensk », « Avatchinskaïa » dans le Kamtchatka, et « Toumangan ».

Aujourd'hui la seule la zone économique qui existe en Extrême-Orient russe se trouve à Magadan, les autres ayant perdu leur statut de zones franches après l'adoption de la nouvelle loi le 22 juin 2005. Les autorités locales ont toujours la possibilité de manifester leur volonté de redevenir une zone spéciale en se présentant auprès de la nouvelle agence pour l'administration des zones créée par cette loi. Les autorités chinoises ont déjà manifesté leur intérêt pour les futures zones.

Tableau 11.4 : Les principaux investissements étrangers dans la ZES Nakhodka au 1er janvier 2001

Pays	Montant cumulé (en milliers de $)	Pourcentage du total
Japon	6 788, 2	24,3%
Chine	5 251,2	18,8%
Hong-Kong	1 361,0	4,9%
Grande Bretagne	3 932,0	14%
Etats-Unis	2 994,0	10,7%
Corée du Sud	2 394,0	8,5%

Source : Colin, S, 2003 (idem).

La coopération transfrontalière supra régionale : Le Tumen River Area Development Programme (TRADP)

Le projet de cette coopération transfrontalière a vu le jour dans les années quatre-vingt-dix, et son coût total estimé à 30 milliards de dollars. Ce projet, dont la durée de la réalisation a été fixée entre 7 et 12 ans (dépassée depuis), comporte la construction d'usines, de liaisons ferroviaires rapides, d'autoroutes et d'installations portuaires. Il s'agit d'une zone, économique transnationale étendue sur des espaces relativement importants mais bien définis, réunissant plusieurs régions en vue de promouvoir le commerce extérieur et attirer les IDE. Ce programme du développement régional côtier fut élaboré et soutenu par le Programme de Nations unies pour le Développement (PNUD). C'est cette agence spécialisée de l'ONU qui a initié la coopération supranationale en Asie du Nord, après la dislocation de l'URSS et la disparition du CAEM. Le fleuve Tumen, qui a donné le nom à ce projet, sert de frontière entre la Chine, la République démocratique de

Corée et la Russie. Il se jette dans la Mer du Japon. A partir de l'embouchure, on trouve la Russie au Nord et la République Populaire Démocratique (RPD) de Corée. A environ 15 km en amont, se situe la ville de Hunchun de la région autonome coréenne de Yantian et la province chinoise de Jilin. C'est le point le plus proche de la mer pour les deux provinces du Nord-Est chinois, lesquels ont des secteurs agricole et industriel importants. Cette région du Tumen a une position centrale en Asie du Nord-Est et sert de trait d'union entre la Chine, le RPD de Corée et la Russie. A partir de la mer, la région se situe au nord vers l'Extrême-Orient russe, en direction de la péninsule coréenne au sud et vers le Japon, à l'Est. Côté continent, le bassin du fleuve Tumen sert de limite à un important arrière-pays qui s'étend de la Chine du Nord-Est jusqu'en Mongolie aux vastes régions de la Sibérie. C'est un excellent point de départ pour la liaison avec l'Europe.

C'est surtout la Chine qui a manifesté un grand intérêt pour ce projet. La position chinoise était claire : elle avait l'intention d'engager les trois provinces du Nord-Est (Heilongjiang, Liaoning et Jilin) dans le projet, alors que les autres participants préféraient le développement du littoral seul. Les zones côtières sont d'habitude plus développées et plus ouvertes sur l'extérieur. Mais ceci n'est pas le cas de régions moins avancées à l'intérieur du pays, davantage marquées par la stratégie d'industrialisation par substitution des importations. C'est le cas des trois provinces du Nord-Est de la Chine qui jouxtent l'Extrême-Orient russe : Heilongjiang, Jilin et Liaoning. D'ailleurs, toutes ces régions ont beaucoup souffert de la transition économique russe. Selon le travail de chercheurs de l'université de Tsinghua, ces régions tout en possédant un potentiel de développement important ont perdu leur position initiale, phénomène qui se mesure par la baisse de leur rang parmi les trente et une régions chinoises (y compris trois municipalités : Beijging, Shanghai et Tientsin). Heilongjiang chute de la onzième à seizième place entre 1990 et 1997, Jilin de la sixième à la dixième place et Liaoning de la quatrième à la cinquième place. La province de Heilonjiang qui jouxte directement la frontière russe a subi le contrecoup de la désintégration de l'Union Soviétique (URSS était en 1991 son premier partenaire économique). Du jour au lendemain, elle a dû réorienter ses échanges vers l'intérieur du pays. On a vu l'entrée offensive en 1991 de la province de Jilin dans le processus : le gouvernement de la province a inscrit au huitième plan quinquennal (1991-1995) la somme de un milliard de yuans pour le développement de la région du Tumen (plus précisément pour les investir dans la ZES de Hunchun). Les autorités de Hunchun voulaient, avec ce projet, optimiser le plan de ZES transfrontalière du PNUD. Le gouvernement de la province de Jilin a donné l'impulsion aux plans de développement de Hunchun (port pour bateaux allant jusqu'à 10 000 tonneaux) et Fangchuan (zone franche) ainsi que pour une ZES sur le territoire chinois du delta du Tumen.

Le PNUD a proposé deux solutions de création d'une telle zone : soit la région de Najin (Corée du Nord) Jingxin ou Hunshun (Chine) et Posyet (Russie), représentant 1 000 km^2. La solution «étendue» devait être la région de Chongjin (Corée du Nord), Yanji (Chine) et Vladivostok (Russie). Comme premiers pas vers la réalisation du projet de ZES sous la conduite du PNUD, la Corée du Nord a convenu avec l'organisation internationale de lui céder en leasing la portion de territoire du Tumen, destiné à devenir une zone économique spéciale. Sur la rive droite du fleuve se trouve la région nord-coréenne avec les villes de Rajin (Najin), Sonbong et Chongjin. Avec le décret du 1er janvier 1994, les ports de Rajin (Najin), Sonbong et Chongjin ont été déclarés ports francs et de nombreux avantages accordés aux éventuels investisseurs étrangers. La première étape, du côté nord-coréen a été la décision de transformer les 621 km^2 comprenant la ville de Rajin (Najin), et le district de Sonbong en une zone économique franche. Le 13 septembre 1996 un forum organisé sous les auspices du PNUD et de l'ONUDI a inauguré officiellement la ZES de Rajin-Sonbong, la première zone économique spéciale en Corée du Nord. D'ores et déjà, les travaux d'infrastructures ont été entrepris (routes et extension du réseau ferroviaire). Il s'agit d'une nouvelle liaison ferroviaire de 67 km entre le réseau russe et le réseau nord-coréen.

Le projet avance lentement depuis la date de son lancement en 1991. La Russie a visiblement bloqué ce projet, soucieuse de ses propres intérêts. Mais en 2006, l'intégration de la partie septentrionale de Primorskij Kraï dans le Projet a ouvert une nouvelle étape dans son déroulement. Imaginée beaucoup trop large au départ, cette zone inclut aujourd'hui la zone de libre-échange littorale de Rajin-Sonbong en Corée du Nord, la préfecture autonome des Coréens de Yanbian dans la province chinoise de Jilin, ainsi que la partie méridionale de Primorskij Kraï en Russie. On parle à présent de la phase trois du Projet, dont le l'objectif principal est le renforcement des institutions chargées de la mise en route des actions concrètes et de la solution définitive du transfert des droits de propriété.

Conclusion

L'intégration de la Russie dans la zone Asie-Pacifique s'accroît. Nos prévisions émises en 1993 se sont avérées exactes, sauf sur un point : le rôle de la Chine dans le développement russe. C'est en fait la Chine, accompagné de l'Inde, qui est devenu moteur du développement du continent, y compris de la Russie. Les tendances intégrationnistes qui s'opèrent en Europe, ont obligé la Russie à se tourner davantage vers ses voisins orientaux, et surtout la Chine. Le vote par la Douma de la loi sur les zones économiques spéciales, si longuement attendu, est un signe supplémentaire de l'existence d'une volonté affichée de s'ouvrir davantage en direction de ses voisins de la région. L'adhésion à ce nouveau bloc régional qu'est à présent l'APEC a son importance face à l'annonce de la création dans la région d'une zone de libre-échange pour l'année 2020.

Bibliographie

BALTZINGER H., PINEYE D., 1994, « Les relations économiques de la Russie avec l'Asie-Pacifique », *le Courrier des Pays de l'Est,* n392, sept., p. 5.

BRUNAT E., 1995, Emergence régionale et dynamique territoriale : essai sur la transformation des économies de type soviétique à partir des exemples russe et polonais", Thèse, Université Pierre Mendès France, Grenoble.

CAVOLEAU P., 1997, « L'Extrême-Orient russe face à la zone Pacifique : les investissements étrangers et la reconversion ", contribution au *Rapport de l'IRENISE* pour le Ministère de la recherche et de la technologie, Paris ;

CHAVANCE B., 1994, "La nouvelle stratégie de développement en Chine", *Cahiers du GERTTD, Série Développement,* Université de Paris 7, N° 2, janvier 1986 et *La fin des systèmes socialistes,* l'Harmattan, Paris,

COLIN S., 2003, Le développement des relations frontalières entre la Chine et la Russie », *Les études du CERI*, N° 96, juillet.

DESPINEY B., ELKOUBI A., 1998, The soviet-indian relations, in *East-South Relations in the World Economy,* M.Lavigne, Ed., Westview Press, Boulder and London.

DESPINEY-ZOCHOWSKA B. A., 1993, « L'Extrême-Orient russe à l'heure de la transition », *Revue d'études comparatives Est-Ouest*, vol. 24, n° 1.

DESPINEY-ZOCHOWSKA B. A., 1994, « La régionalisation en Russie : le cas de l'Extrême-Orient », *Revue des études slaves,* t. LXVI.

DESPINEY-ZOCHOWSKA B. A., 1993, « Des zones franches », in *l'Etat de toutes les Russies,* dir. Marc FERRO, collab. Marie-Hélène MANDRILLON, Paris, La Découverte.

DESPINEY-ZOCHOWSKA B.A., 1994, Quelle place pour la Russie dans la zone Asie-Pacifique ? in *De Russie et d'ailleurs. Feux croisés sur l'histoire*, mélange an honneur de Marc Ferro, IRENISE, Paris.

DESPINEY-ZOCHOWSKA B.A., 2007, Les inégalités régionales dans la mondialisation, les cas de la frontière russo-chinoise, in *Cahiers du GEMDEV*, n° 31.

DESPINEY-ZOCHOWSKA B.A., 2007, La Russie entre l'espace européen et l'Asie, in *Innovations. Cahiers d'économie de l'innovation*, de Boeck, n°26, 2.

DESPINEY-ZOCHOWSKA, B.A., 2008, Changing Partnership : Russia, Eastern Europe and India, in *Economic Papers*, Warsaw School of Economics, N° 43.

DMITRIEVA O.G., 1992, *Regionalnaja ekonomicheskaja diagnistika (Les prévisions en économie régionale),* Saint-Petersbourg,.
FOUQOUIRE E., 1983, « Désarmement et sécurité dans la politique extérieure chinoise : ni carte soviétique ni carte américaine », *Défense nationale,* janv.
GICQUIAU (H.), 1997, Industrie de la Sibérie et de l'Extrême-Orient, dans *Le Courrier des Pays de l'Est,* N° 422, septembre.
GUDVIN A., 1993, *Svobodna torgovaja zona "Nakhodka" i Tikhookeanskij kompleks "Pasifik Industrial"* (La zone franche « Nakhodka » et le complexe « Pacific Industrial »), ronéoté, le 22 juil.
HERZFELD J. M., 1994, « La Russie d'aujourd'hui : une perspective sur les investissements étrangers », *Politique étrangère,* n° 2.
KOLOSSOV V., 2008, *La Chine, nouvelle frontière de l'Extrême-Orient russe »,* Séminaire « Nouvelles identités dans l'espace post-soviétique », l'INALCO, le 24 novembre.
KRUGMAN (P.), 1993, The lessons of Massachusetts for EMU, in *Ajustment and growth in the European Monetary Union,* TORRES & GIAVAZZI, Ed, Cambridge, Cambridge University Press.
KRUGMAN (P.) OBSTFELD (M.), 1996, *Economie internationale,* De Boeck- Université, Bruxelles.
MINAKIR P. et FREEZE L., 1994, *The Russian Far East : an Economic Handbook,* New York – London, M. E. Sharpe.
KORNEEV A.M., 1964, *Razvitie promychlennych kompleksow ekonomicheskikh regionov,* in *Promychlennost' v khozaïstviennom kompleksie ekonomicheskikh rajonov,* Moscou, Nauka.
MORGACEV O., 1992, « Svobodnye zony : lucse mense, da lucse » (Moins de Zones franches mais mieux), commentaires sur la résolution du directeur du Comité pour les investissements étrangers, *Rossijskie vesti,* n° 16, 5 juin.
Pacifik Industrial Tehnopark, 1993, résumé, Association de la Z.E.F. « Nakhodka », 22 juil.
RYBAKOVSKIJ (L.L), ZAKHAROVA (O.D), MINDAGULOV (V.V), 1994, *Nelegal'naja migracja v prigranicnykh rajonakh Dal'nego Vostoka : Istorija, sovremennost' i posledstvija (Immigration illégale dans les régions frontalières de l'Extrême-Orient : Histoire, temps présent, future),* Moskva, Académie des Sciences de la Russie.
ROSEFIELDE S. S., 1994, « Peace and Prosperity in the Pacific Rim: Optimizing the Benefits of Japanese Assistance to Russia », *Acta Slavica Iaponica : Journal of Slavic Research Center.*
ROWINSKI J., 1994, « China and Central and Eastern Europe: a New Relationship », *Issues and Studies: a Journal of Chinese Studies and International Affairs,* Taipei, vol. 30, n° 2, Febr.
RENZIN O. M., 1992, « Dal'nyj Vostok na puti k rynku » (L'Extrême-Orient russe en route vers le marché), ronéoté, Conférence internationale,

Khabarovsk, septembre.
Russia Far Eastern Economic Yearbook, Khabarovsk, 1993, Institut de recherche économique de Khabarovsk, Sasakawa Peace Foundation.
SVYDAK N., 1994, "Istocniki pravovo regulirovanija SEZ v Rosii", in *Pravo i ekonomika*, suppl.de *Delovyj mir*, N° 15 du 7 juin.
OCDE, 1994, *The Law of the Russian Federation on Free Economic Zones*, Paris, OCDE, Committee on International Investment and Multinational Enterprises, 3 October.
ZINAI (L.), HAIWEN (Z.), MINGQIANG (B.), 1999, *The Empirical Analysis of Regional Development Disparity in China and The Choice of Strategis about Regional Harmonius Development*, communication à la 4ème Conférence Internationale sur les économies en transition, Beijing, août.

Table des figures

Table des tableaux

Table des sigles

ACU	Asian Currency Unit
AFTA	Asean Free Trade Association
ALE	Accords de Libre-échange
ALENA	Accord de Libre-échange Nord-Américain
APE	Economic Partnership Agreement
APEC	Asia-Pacific Economic Cooperation
ASEAN	Association des Nations d'Asie du Sud Est
ASEANplus six	East Asia Summit
ASEAN plus three	ASEAN & Japan, China, Korea
CNUCED	Conférence des Nations unies sur le Commerce et le Développement
DIT	Division Internationale du Travail
EAC	East Asian Community
EAEC	East Asia Economic Caucus
EAS	East Asia Summit
EPA	Equal Partnership Agreement
FAO	Food Agriculture Organization
FMI	Fond Monétaire International
FTA	Free Trade Agreement
GPPAC	Global Partnership for the Prevention of Armed Conflicts
IDE	Investissement Direct Etranger
IGO	International Governmental Organization
ISE (II)	Industrie de Substitution d'Exportation
ISI (I)	Industrie de Substitution d'Importation
JAICA	Agence japonaise de coopération internationale
JBIC	Banque Japonaise pour la Coopération Internationale
JETRO	Japan Economic Trade Organization
METI	Ministère Japonais de l'Economie et du Commerce International
NEPAD	New Economic Partnership on African Development
NGO	Non Governmental Organization
NPI	Nouveaux Pays Industrialisés, NIES (en anglais)
NPO	Non Profit Organization
NTIC	Nouvelles technologies de l'information et de la communication
OCDE	Organisation de Coopération et de Développement Economique
OCS	Coopération de Shanghai
OMS	Organisation Mondiale du Commerce
PMA	Pays les Moins Avancés
TICAD	Tokyo International Conference on African Development

L'HARMATTAN, ITALIA
Via Degli Artisti 15 ; 10124 Torino

L'HARMATTAN HONGRIE
Könyvesbolt ; Kossuth L. u. 14-16
1053 Budapest

L'HARMATTAN BURKINA FASO
Rue 15.167 Route du Pô Patte d'oie
12 BP 226
Ouagadougou 12
(00226) 76 59 79 86

ESPACE L'HARMATTAN KINSHASA
Faculté des Sciences Sociales,
Politiques et Administratives
BP243, KIN XI ; Université de Kinshasa

L'HARMATTAN GUINÉE
Almamya Rue KA 028
En face du restaurant le cèdre
OKB agency BP 3470 Conakry
(00224) 60 20 85 08
harmattanguinee@yahoo.fr

L'HARMATTAN CÔTE D'IVOIRE
M. Etien N'dah Ahmon
Résidence Karl / cité des arts
Abidjan-Cocody 03 BP 1588 Abidjan 03
(00225) 05 77 87 31

L'HARMATTAN MAURITANIE
Espace El Kettab du livre francophone
N° 472 avenue Palais des Congrès
BP 316 Nouakchott
(00222) 63 25 980

L'HARMATTAN CAMEROUN
BP 11486
(00237) 458 67 00
(00237) 976 61 66
harmattancam@yahoo.fr

Made in the USA
Monee, IL
05 November 2026

67807955R10118